Transformatoren
mit Stufenregelung unter Last

Theorie, Aufbau, Anwendung

von

Karl Bölte VDE   Rudolf Küchler VDE

Mit 159 Abbildungen

München und Berlin 1938

Verlag von R. Oldenbourg

Vorwort.

Einer der größten Fortschritte, den die Geschichte des Transformatorenbaues aufzuweisen hat, ist der Einführung der Stufenregelung unter Last zu verdanken. Hierdurch wurde dem Transformator die ihn von der Maschine unterscheidende Starrheit genommen und damit eine Eignung für die Bedürfnisse der Spannungshaltung und der Verbundwirtschaft erzielt, die heute nicht mehr entbehrt werden kann. An der Ausbildung geeigneter Methoden zur Überschaltung von Anzapfung zu Anzapfung, sowie an der Entwicklung betriebssicherer Schaltelemente und Wicklungsanordnungen ist seit mehr als 10 Jahren von allen Seiten eifrig gearbeitet worden. Der inzwischen erreichte Stand ist so befriedigend, daß es nützlich erscheint, die Ergebnisse dieser Bemühungen, die in zahlreichen Aufsätzen der in- und ausländischen Fachliteratur zum Ausdruck kommen, erstmalig in Buchform zusammenzufassen. Dabei konnten die Verfasser, denen es vergönnt war, an dieser bedeutsamen Entwicklung bei einem der größten Unternehmungen der deutschen Elektroindustrie von Anfang an mitzuhelfen, ihre eigenen langjährigen Erfahrungen in den Dienst dieser Aufgabe stellen.

Das vorliegende Buch wendet sich in erster Linie an die in der Praxis stehenden Betriebs-, Planungs- und Fertigungsingenieure. Es beschränkt sich daher auf das Wesentliche und versucht die Probleme in einfacher und anschaulicher Weise darzustellen. Dabei wurden die neuesten Veröffentlichungen des AEF berücksichtigt. Die verwendeten Bezeichnungen für die Bestandteile der Regeleinrichtungen entsprechen einem noch nicht veröffentlichten Entwurf des VDE zu einem Anhang der RET (VDE) 0532/1934[1]).

Für diejenigen, die in Einzelfragen tiefer einzudringen wünschen, wird der angefügte Schrifttumsnachweis willkommen sein.

Zahlreiche Firmen haben uns in unserem Bestreben, ein möglichst objektives Bild zu zeichnen, durch Überlassung von Bildmaterial und Unterlagen auf das freundlichste unterstützt und dadurch wesentlich zum Gelingen beigetragen. An dieser Stelle hierfür zu danken, ist uns eine angenehme Pflicht.

Berlin, November 1937.

Die Verfasser.

---

[1]) Die Begriffe Wähler und Lastwähler werden nach Verhandlungen während der Drucklegung des Buches voraussichtlich in „Anzapfwähler" bzw. „Lastanzapfwähler" geändert.

Inhaltsverzeichnis.

I. Einleitung.

Die Übersetzung eines Transformators ist bekanntlich gegeben durch das Verhältnis seiner Windungszahlen. Aber nur in seltenen Fällen wird eine unveränderliche Übersetzung befriedigen. Vielfach wird es nötig sein, Änderungen der primären Spannung so auszugleichen, daß die Sekundärspannung konstant bleibt. Ebenso kann eine Anpassung der Sekundärspannung an die Bedürfnisse des Stromverbrauchers erforderlich sein, der entweder den Spannungsabfall in seinen Zuleitungen kompensiert sehen will oder mit veränderlicher Spannung arbeiten muß. Schließlich können auch beide Forderungen gleichzeitig auftreten. Diesen Notwendigkeiten stand der Transformator mit seiner starren Übersetzung ursprünglich ziemlich hilflos gegenüber. Zwar konnten Anzapfungen an der Primär- oder Sekundärwicklung vorgesehen werden, die den gestellten Bedingungen an eine Veränderlichkeit der Übersetzung entsprachen, jedoch fehlte es an geeigneten Schaltmitteln, um diese ohne Betriebsunterbrechung wahlweise anschließen zu können. Man begnügte sich damit, eine beschränkte Zahl von Anzapfungen herauszuführen, um diese gelegentlich umklemmen zu können oder sah einen Anzapfwähler vor, der aber nur im spannungslosen Zustande betätigt werden konnte. Daß mit diesen unzulänglichen Mitteln die gestellten Aufgaben nur unvollkommen oder auch gar nicht zu erfüllen sind, liegt auf der Hand.

Trotzdem hat man sich im Netzbetrieb jahrzehntelang damit abgefunden und das Hauptgewicht auf die Regelung der Generatorenspannung gelegt. Die geringe Ausdehnung der damaligen Netze einerseits und die Anspruchslosigkeit der Stromabnehmer andererseits kamen sich dabei soweit entgegen, daß ernstliche Schwierigkeiten nicht auftraten.

Anders lief die Entwicklung bei gewissen Transformatoren für besondere Zwecke, beispielsweise bei Lokomotivumspannern. Hier war eine Umschaltung von Anzapfungen unter Last zur Regelung der Fahrgeschwindigkeit von vornherein unerläßlich. Eine ausgezeichnete Zusammenstellung der hierfür geschaffenen Regeleinrichtungen findet sich in dem von der AEG. im Jahre 1930 herausgegebenen und von H. Grünholz bearbeiteten Buche „Elektrische Vollbahnlokomotiven". Da ein näheres Eingehen auf die Einzelheiten dieser Schaltungen den Rahmen der vorliegenden Schrift sprengen würde, mag dieser kurze Hinweis genügen. Wenn diese Lokomotivregler auch nur für geringe Betriebsspannungen entwickelt worden sind, so kann man sie doch mit Recht als die Vorläufer unserer heutigen Hochspannungs-Lastregelschalter bezeichnen.

Die in der Nachkriegszeit einsetzende gewaltige Steigerung des Strombedarfs führte zu einer so starken Ausdehnung und Vermaschung der Netze, daß das Problem der Spannungshaltung und Energieflußsteuerung zu einer der brennendsten Fragen wurde. Die Regelung an den Speisepunkten der Netze reichte nicht mehr aus. Es mußten unter allen Umständen zusätzliche Mittel geschaffen werden.

Wie in vielen Fällen von entsprechender Bedeutung wurden auch hier verschiedene Wege eingeschlagen, um zu dem gewünschten Ziel zu gelangen. Die einen wollten die Transformatoren in ihrer bisherigen Form bestehen lassen und dem Netz kontaktlose Regeleinrichtungen, nämlich Drehregler oder Schub- bzw. Gleittransformatoren, einfügen. Andere suchten nach Lösungen für einen geeigneten Lastregelschalter, mit dessen Hilfe feinstufig angezapfte Transformatoren geregelt werden könnten.

Die Anfänge dieser Bestrebungen liegen nunmehr etwa 10 Jahre zurück. Inzwischen ist die Entwicklung zu einem gewissen Abschluß gekommen, der zu einem Urteil berechtigt. Der Schub- oder Gleittransformator hat sich ebensowenig wie der alte Drehregler durchsetzen können, weil er ähnlichen Spannungsbeschränkungen unterliegt wie der letztere. Er kann also in das Hochspannungsnetz nur über Isoliertransformatoren eingefügt werden, ein Umstand, der mit Rücksicht auf Herstellungskosten und Wirkungsgrad als untragbar anzusehen ist. Die Stufenregelung am Transformator selbst hat dagegen in einem solchen Umfange Anwendung gefunden, daß an der Zweckmäßigkeit und Wirtschaftlichkeit dieses Verfahrens ein Zweifel heute nicht mehr möglich ist.

Die Entwicklung der Stufenregelschalter ist in verhältnismäßig kurzer Zeit durchgeführt worden. Die stärksten Impulse gaben hierbei die Vereinigten Staaten mit der Spannungsteilerschaltung und Deutschland mit der Widerstandsschnellschaltung. Diese verdankt ihren raschen Siegeszug der tatkräftigen und ideenreichen Förderung durch B. Jansen, dessen Name für immer mit dieser Konstruktion verbunden bleibt. Während sich die Widerstandsschnellschaltung insbesondere in Deutschland fast vollständig durchgesetzt hat, hängt man vor allem im Auslande vielfach noch an der älteren Spannungsteilerschaltung. Es hat jedoch den Anschein, als wenn die Widerstandsschnellschaltung nach und nach immer mehr Freunde findet.

Hand in Hand mit der Konstruktion der Regelschalter ging die für die Stufenregelung unerläßliche Weiterentwicklung der Transformatoren. Die speziellen Aufgaben, die die Spannungsregelung und die Energieflußsteuerung stellen, erforderten auch besondere Maßnahmen für den Transformator in schaltungstechnischer Hinsicht. Sie bilden eine wesentliche Voraussetzung für den regelbaren Transformator. Anderseits sind sie auch weitestgehend unabhängig vom System des Regelschalters und sollen deshalb der Beschreibung der letzten vorangestellt werden.

Eine weitere wichtige Frage betrifft die Größe des Regelbereiches und die Stufenzahl. Für beides haben sich im Laufe der Jahre genügend Anhaltspunkte ergeben, so daß im Interesse einer Vereinheitlichung der Schalter und Transformatoren Richtlinien gegeben werden können. Es ist ganz natürlich, daß der aus den Nöten der Netzfachleute hervorgegangene Transformator mit Stufenregelung unter Last neben der Spannungsregelung oder Energieflußsteuerung im Netz später auch noch anderen Aufgaben dienstbar gemacht wurde. Besonders bei Transformatoren für metallurgische Zwecke ist in steigendem Maße die Stufenregelung unter Last angewendet worden. Die Anforderungen, die hierbei an den Regelbereich und die Stufenzahl gestellt werden, gehen im allgemeinen erheblich über das Maß hinaus, das bei regelbaren Verteilungstransformatoren üblich ist.

Die bauliche Durchbildung des regelbaren Transformators im Hinblick auf die Kurzschluß- und Spannungsfestigkeit stellt den Konstrukteur vor verantwortungsreiche Aufgaben. Sie sind nicht weniger wichtig als die sorgfältige Durchbildung der Elemente des Regelschalters und seiner Antriebsvorrichtung.

Die konstruktive Vereinigung des Transformators mit seiner Stufenschalteinrichtung bietet eine Fülle von Kombinationsmöglichkeiten. Der ursprünglich neben dem Transformator aufgestellte Regelschalter ist längst dem ein- oder angebauten Regelschalter gewichen, nachdem das anfängliche Mißtrauen der Transformatorenbauer gegenüber dem neuen Schaltmechanismus durch die Betriebserfahrungen zerstreut worden ist[1]. Wie aus Beispielen ausgeführter Regeltransformatoren hervorgeht, kann der Ein- oder Anbau der Schalteinrichtung auf verschiedenste Weise durchgeführt werden. Im Laufe der Zeit haben sich aber bestimmte Bauformen herausgeschält, deren Wahl im wesentlichen von der Größe des Regeltransformators abhängt.

II. Anzapfungen und Schaltungen der Regeltransformatoren.

Bei den der Netzregelung dienenden Transformatoren bestimmen die im Netz auftretenden Spannungsabfälle den erforderlichen Regelbereich. Im allgemeinen hat man es mit Spannungsabfällen vor und

---

[1] B. Jansen: 10 Jahre Regeltransformatoren mit Jansenschaltern. ETZ 58 (1937) H. 32, S. 874.

hinter dem Transformator zu tun. Der Regeltransformator hat also bei Leerlauf auf der Sekundärseite die Verbraucherspannung U_2, bei Vollast die um den sekundären Spannungsabfall u_2 erhöhte Spannung $U_2 + u_2$ zu liefern, während ihm an den Primärklemmen eine in den Grenzen U_1 bis $U_1 - u_1$ schwankende Spannung zugeführt wird. Der sekundäre Spannungsabfall u_2 schließt natürlich auch den Spannungsabfall des Regeltransformators selbst ein. Die Spannungsänderung u_1 auf der Primärseite wird im allgemeinen nicht allein von der Belastung des Regeltransformators selbst verursacht, sondern auch von den übrigen Stromverbrauchern, die an diesem Netzteil angeschlossen sind. Die Spannungsabfälle u_1 und u_2 werden daher nicht notwendigerweise gleichzeitig auftreten oder ausbleiben, jedoch ist diese Möglichkeit durchaus gegeben, so daß man gezwungen ist, sie in Rechnung zu stellen. Im ungünstigsten Falle hat also der Regeltransformator bei niedrigster Primärspannung seine höchste Sekundärspannung und bei höchster Primärspannung seine niedrigste Sekundärspannung abzugeben. Die Grenzen des erforderlichen Übersetzungsverhältnisses sind daher:

$$\ddot{u}_{max} = \frac{U_1}{U_2}; \qquad \ddot{u}_{min} = \frac{U_1 - u_1}{U_2 + u_2} \quad \ldots \ldots \ldots (1)$$

Da die abgegebene Leistung eines Transformators der Induktion im Eisenkern proportional ist, sollte man ihn stets mit der maximalen Induktion, für die er ausgelegt ist, betreiben. Dieser optimale Betrieb würde bei Regeltransformatoren also bedingen, daß sie auf der Primär- u n d Sekundärseite mit Anzapfungen entsprechend den auf beiden Seiten tatsächlich auftretenden Spannungsänderungen versehen werden (vgl. Abb. 1a). Eine solche Ausführung ist aus mehreren Gründen unausführ-

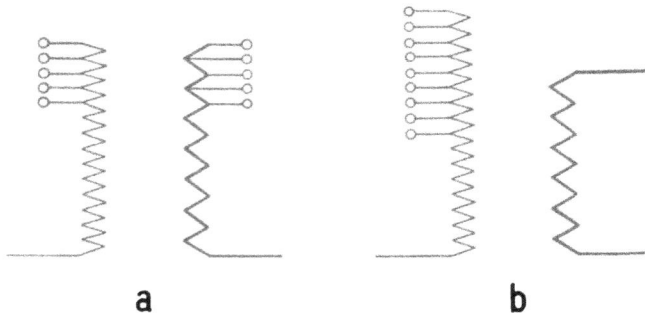

a   b

Abb. 1. Leistungstransformator mit beidseitiger (*a*) und einseitiger (*b*) Regelung.

bar: Einmal ist es gewöhnlich nicht möglich, auf der Niederspannungsseite überhaupt Anzapfungen anzubringen, denn hier ist die Windungszahl vielfach zu klein, um eine ausreichende Feinstufigkeit zu erreichen, oder die Stromstärke so hoch, daß große konstruktive Schwierigkeiten für den Regler entstehen würden. Schließlich würde die Regelung auf beiden Seiten z w e i Regeleinrichtungen mit dem erforderlichen Zubehör notwendig machen, was die Wirtschaftlichkeit der Anordnung in Frage stellen müßte. Man wird sich daher stets für die Regelung auf der Primär- o d e r Sekundärseite zu entscheiden haben und eine Änderung der Induktion im Transformatorenkern wohl oder übel in Kauf nehmen müssen. Wählt man dabei die Nennspannung der nicht angezapften Wicklung gleich dem Mittelwert der an dieser tatsächlich auftretenden Spannung, so erreicht man, wie Abb. 1b zeigt, die gleiche Materialausnutzung wie beim optimalen, d. h. beidseitig angezapften Transformator, da auf der nicht angezapften Seite eine der halben Spannungsänderung dieser Seite entsprechende Zahl von Windungen gespart wird, während auf der angezapften Seite die Windungszahl um den gleichen relativen Betrag erhöht werden muß. Die im ungünstigsten Falle auftretende Steigerung der Induktion um die halbe prozentuale Spannungsänderung auf der nicht angezapften Seite wirkt sich zwar auf den Eisenverlust und den Magnetisierungsstrom in bekannter Weise erhöhend aus, ist aber unbedenklich, da im entgegengesetzten Regel-Grenzfall die Induktion um den gleichen Betrag sinkt. Die Wirkungen der Induktionsänderungen heben sich daher angenähert auf, wenn sie in erträglichen Grenzen bleiben. Um dies zu erreichen, wird angestrebt, die Anzapfungen auf derjenigen Seite anzuordnen, die den größten Spannungsänderungen ausgesetzt ist[1]). Ist dies aus irgendwelchen Gründen nicht angängig und erreicht dadurch die Induktionsänderung Beträge von mehr als 5 bis 10%, so ist eine entsprechende Senkung der mittleren Induktion und damit eine Vergrößerung des Transformators unvermeidlich. Im allgemeinen treten die größten Spannungsänderungen auf der Oberspannungsseite auf, ein Umstand, der der konstruktiven Durchbildung des Regeltransformators sehr zustatten kommt.

Obwohl die Spannung, wie oben gezeigt, im allgemeinen auf b e i d e n Seiten des Transformators schwankt, ist es üblich, die mittlere Betriebsspannung der nicht angezapften Wicklung und die aus dieser und den einstellbaren Windungsübersetzungen errechneten Betriebsspannungen der angezapften Wicklung als Nennwerte zu betrachten und die technischen Daten des Regeltransformators auf diese zu beziehen.

B e i s p i e l : Für die Speisung eines 6-kV-Netzes aus einem 50-kV-Netz wird ein Regeltransformator benötigt. Die Verbraucherspannung ist 6000 V, der Spannungsabfall bei Vollast und $\cos \varphi = 0,8$ beträgt im 6-kV-Netz 6%, im Transformator 4%, zusammen also 10%. Die Primärspannung schwankt zwischen 45 000 und 55 000 V. Danach ergeben sich folgende Grenzwerte der Übersetzungen

---

[1]) B. Jansen, Spannungs- und Leistungsregelung in vermaschten Mittelspannungsnetzen. Elektr. Wirtsch. 36 (1937) H. 26, S. 828.

$$\ddot{u}_{max} = \frac{55\,000}{6000} \approx 9{,}17$$

$$\ddot{u}_{min} = \frac{45\,000}{6600} \approx 6{,}82.$$

Da die größte Spannungsänderung auf der Primärseite auftritt, sollen die Regelanzapfungen auf dieser Seite angeordnet werden. Die Sekundärspannung wird gleich dem Mittelwert aus 6600 und 6000 V gewählt, das sind 6300 V. Die Grenzwerte der primären Nennspannungen errechnen sich sodann zu

$$6300 \cdot 9{,}17 \approx 57\,800 \text{ V,}$$
$$6300 \cdot 6{,}82 \approx 43\,000 \text{ V,}$$

d. h. die Nennübersetzung des Regeltransformators wird:

oder
$$\left.\begin{array}{l} 57\,800\ldots 43\,000/6300 \text{ V} \\ 50\,400 \pm 15\%/6300 \text{ V} \end{array}\right\} \text{ bei Leerlauf.}$$

In einem gegenüber der Netzregelung allerdings erheblich geringeren Umfange kommt die Stufenregelung auch bei Sondertransformatoren für industrielle Zwecke zur Anwendung, wenn eine unter Last veränderliche Spannung bzw. Stromstärke gefordert werden muß. Die hierfür geeigneten Regelarten ergeben sich zwanglos aus den für die Netzregelung entwickelten Methoden und sind deshalb in den nachfolgenden Abschnitten an geeigneter Stelle eingeflochten.

1. Leistungstransformatoren.

Als die Entwicklung der Stufenregelung mit Transformatoren ihren Anfang nahm, spielten Regeltransformatoren in Sparschaltung naturgemäß eine hervorragende Rolle, weil man zunächst vorhandene Anlagen mit Regeleinrichtungen zu versehen hatte. Nur soweit Leistungstransformatoren neu erstellt wurden, versah man diese selbst mit der nötigen Stufenregelung in der richtigen Erkenntnis, daß diese Lösung die wirtschaftlichere ist. Aus dieser geschichtlichen Entwicklung heraus erklärt es sich, daß man vielfach unter einem Regeltransformator einen solchen in Sparschaltung versteht. Diese Bezeichnungsweise entspricht aber nicht mehr dem heutigen Stande der Entwicklung. Ein Regeltransformator ist seit einigen Jahren fast stets ein Leistungstransformator. Nur gelegentlich kommen auch Regelspartransformatoren oder Regelzusatztransformatorensätze für Sonderfälle in Betracht.

a) Durchgehende, umkehrbare, umlenkbare Regelspule.

Sieht man zunächst von der Zahl und Schaltung der Phasen des Leistungstransformators ab, so sind 3 verschiedene Ausbildungen des regelbaren Teiles der angezapften Wicklung zu unterscheiden, nämlich die durchgehende, die umkehrbare und die umlenkbare Regelspule. In Abb. 2a, b, c sind die Schaltungen dieser 3 Arten von Regelspulen gegenübergestellt. Im Schaltbild 2a entspricht die Windungszahl der Regelspule dem vollen Regelbereich, die der übrigen Wicklung, Stamm-

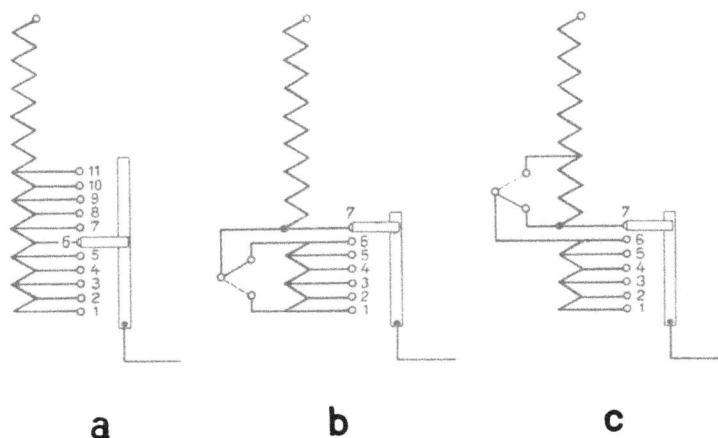

a   **b**   **c**

Abb. 2. Durchgehende (*a*), umkehrbare (*b*) und umlenkbare (*c*) Regelspule des Leistungstransformators.

wicklung genannt, der niedrigsten Nennbetriebsspannung, während bei den Schaltungen nach Abb. 2b und c die Regelspulen nur für den halben Regelbereich und die Stammwicklungen für die mittleren Nennbetriebsspannungen bemessen sind. Der Vorteil der Halbierung der Regelspule liegt in der Herabsetzung der erforderlichen Zahl von Anzapfungen und Reglerkontakten nebst den zugehörigen Verbindungs-leitungen. Demgegenüber steht der Bedarf einer zusätzlichen Umschalt-einrichtung, die mit dem Regelmechanismus mechanisch gekuppelt sein muß, um die Kontinuität der Regelung zu gewährleisten. Dieser Mehr-aufwand ist aber tragbar, da die Umschalteinrichtung stromlos arbeitet; ihre Betätigung erfolgt in der Mittelstellung des Reglers, in der die Strom-abnahme von dem an das Stammwicklungsende angeschlossenen Kontakt erfolgt. Hierbei ist die Regelspule vom Betriebsstrom entlastet. Die um-kehrbare Regelspule (Abb. 2b) wird je nach der Stellung des Umschalters der Stammwicklung zu- oder gegengeschaltet, die umlenkbare Regelspule (Abb. 2c) dagegen mit Hilfe des Umschalters entweder an das Ende oder eine Anzapfung der Stammwicklung angeschlossen, deren Entfer-nung vom Stammwicklungsende der Windungszahl der Regelspule ent-spricht. Solche stromlos arbeitenden Umschalteinrichtungen werden im Folgenden kurz als Wender bezeichnet.

Die Umlenkung der Regelspule ist ihrer Gegeschaltung entschieden vorzuziehen, weil die umgelenkte Spule, im Gegensatz zur umgekehrten, keine Kupferverluste in zu- und gegengeschalteten und für die Transformation somit nutzlosen Windungen entstehen läßt. Die Verlusterhöhung, die die gegengeschaltete Regelspule mit sich bringt, ist beachtlich! Ihr Höchstwert, der bei der niedrigsten Nennbetriebsspannung erreicht wird, errechnet sich für einen auf die Mittelspannung bezogenen Regelbereich von $\pm\,p\%$ zu

$$V_{\max} = \frac{2\,p}{1 - \dfrac{p}{100}}\,{}^0\!/{}_0 \quad . \quad . \quad . \quad . \quad . \quad . \quad . \quad (2)$$

des Verlustes der angezapften Wicklung, d. h. bei einer Regelung um $\pm\,15\%$ beträgt der durch Umlenkung der Regelspule vermeidbare Mehrverlust der angezapften Wicklung im Grenzfalle 35%. Dieser Mehrverlust fällt um so mehr ins Gewicht, als er mit dem Höchstwert der Wicklungsverluste des Regeltransformators zusammenfällt, soweit dieser, wie fast allgemein üblich, für konstante Leistung auf jeder Reglerstellung vorgesehen ist, also bei der niedrigsten Spannung den höchsten Strom führt.

Die Umkehrung der Regelspule oder besser die Umlenkung derselben ist wegen der erforderlichen Umschalteinrichtung natürlich nur bei höheren Stufenzahlen lohnend. Geringe Stufenzahlen führen folgerichtig zur durchgehenden Regelspule.

Auf eine Feinheit des Umkehr- bzw. Umlenkverfahrens sei noch hingewiesen: Wie aus den Abb. 2b und c hervorgeht, hat das stromabnehmende bewegliche Kontaktstück von der Mittelstellung 7 aus bei Aufwärtsregelung die Anzapfungen in der Reihenfolge 6, 5, 4 usw. bis 1 zu durchlaufen, bei Abwärtsregelung dagegen in der Reihenfolge 1, 2, 3 usw. bis 6. Abgesehen davon, daß man also die Kontaktbahn zweckmäßigerweise kreisförmig anordnen wird, um diese Reihenfolge zu gewährleisten, tritt beim Überschalten von 7 auf 6 bzw. 7 auf 1 kein Spannungssprung auf. Solche Totstufen sind nicht nur ein Schönheitsfehler, sondern bedeuten auch eine schlechte Ausnutzung der Kontaktbahn der Regeleinrichtung. Sie lassen sich aber durch einen Kunstgriff leicht vermeiden. Wie Abb. 3a und b zeigt, besteht dieser darin, daß man bei Verwendung der Umkehrschaltung die Regelspule um eine Stufe verlängert, bei Benutzung der Umlenkung die Grobstufe an der Stammwicklung um den gleichen Betrag vergrößert. Diese Maßnahmen bedingen im ersten Falle einen Kupfermehraufwand entsprechend einer Stufe, jedoch keinen weiteren Mehrverlust im Kupfer, während im zweiten Falle keinerlei Nachteile entstehen. Die Umlenkung der Regelspule ist also auch hier wieder gegenüber der Umkehrung im Vorteil.

Die erwähnten Regelverfahren kommen nicht nur für Abspanntransformatoren in Hoch- und Mittelspannungsnetzen, sondern auch für industrielle Transformatoren in Frage, die beispielsweise elektrische

Lichtbogen- oder Widerstandsöfen oder in neuester Zeit über Großgleich-
richter Schmelzelektrolysebäder für die Aluminiumgewinnung aus dem
Mittelspannungsnetz speisen. Die Regelung soll bei solchen Industrie-
transformatoren jedoch weniger die Spannungsschwankungen auf der
Primärseite ausgleichen, als vielmehr die Sekundärspannung bzw. die
Stromstärke dem zeitlichen Verlauf des Schmelzprozesses im Ofen oder
Bade anpassen. Demgemäß müßten also die Regelanzapfungen eigent-
lich auf der Sekundärseite des Transformators angeordnet werden, um
größere Induktionsschwankungen bei der Regelung und damit eine
schlechte Ausnutzung des Transformators zu vermeiden. Im allgemeinen

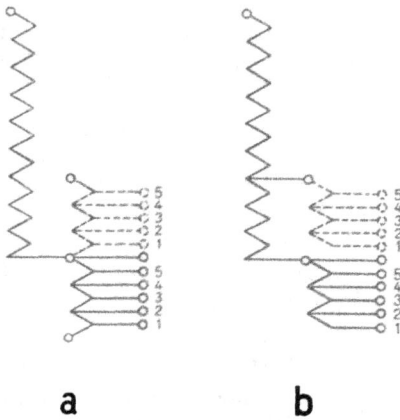

Abb. 3. Umkehrbare (a) und umlenkbare (b)
Regelspule ohne Totstufen.

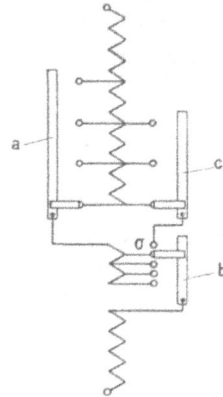

Abb. 4. Grob- und Fein-
regelung mit mehrfach
umlenkbarer Regelspule.
a Grobwähler,
b Feinwähler,
c Ruhekontaktwähler.

ist dies aber nicht möglich, da die Ströme auf der Sekundärseite solcher
Transformatoren gewöhnlich viel zu hoch und die Windungszahl zu
klein ist. Man muß also notgedrungen auf der Primärseite die Anzapfungen anordnen, was um so unangenehmer ist, als für die erwähnten Zwecke
häufig außerordentlich große Regelbereiche in Frage kommen. Diese
bedingen aber auch große Stufenzahlen, da die Stufenschaltleistung der
Regeleinrichtungen begrenzt ist. Man wählt deshalb am besten weder
die durchgehende Regelspule mit Rücksicht auf die Kontaktzahl, noch
die umkehrbare Regelspule wegen der hohen Mehrverluste im Kupfer,
sondern die Umlenkung der Regelspule.

b) Mehrfache Umlenkung der Regelspule.

Durch mehrfache Umlenkung der Regelspule lassen sich Regelbereich und Stufenzahl in jeder gewünschten Weise erhöhen. Man muß
jedoch vermeiden, daß an den freien Wicklungsenden unerträglich hohe
Spannungen auftreten. Zu diesem Zweck empfiehlt es sich, die Regelung

nicht am Wicklungsende, sondern im Innern der Wicklung vorzunehmen. Abb. 4 zeigt eine solche Anordnung mit n Grobstufen an der Stammwicklung und m Feinstufen an der umlenkbaren Spule. Die gesamte Stufenzahl entspricht dem Produkt $(n + 1) \cdot m$. Damit der Grobwähler a stromlos arbeitet, ist auf der Kontaktbahn des Feinwählers b ein Ruhekontakt o vorgesehen, der durch einen dritten stromlos schaltenden Wähler c an das untere Ende der jeweils folgenden nächsten Grobstufe angeschlossen wird. Solange der bewegliche Kontakt des Feinwählers auf dem Ruhekontakt liegt, kann der Grobwähler stromlos geschaltet werden, während im anderen Falle der Ruhekontaktwähler stromlos weiterschaltet. Die Kontaktbahn des Feinwählers muß natürlich kreisförmig angeordnet werden, so daß der Ruhekontakt zwischen Anfang und Ende der Feinregelspule zu liegen kommt. Damit ferner keine Totstufen entstehen können, erhält die umlenkbare Spule gegenüber einer Grobstufe eine entsprechend einer Feinstufe verminderte Windungszahl.

Die Regelung der Sekundärspannung durch Anzapfungen auf der Primärseite findet bei einer Änderung der Sekundärspannung etwa im Verhältnis 1 : 2 seine natürliche Grenze, weil die Steigerung der Primärwindungszahl wirtschaftlich nicht beliebig weit getrieben werden kann. Muß diese Grenze überschritten werden, so regelt man besser mit einem vorgeschalteten Spartransformator, der die Primärspannung des Haupttransformators im gewünschten Verhältnis verändert.

c) Sternpunktregelung.

Die voraufgehenden Betrachtungen nahmen auf die Mehrphasigkeit des Regeltransformators noch keine Rücksicht. Sie bedürfen daher einer Ergänzung.

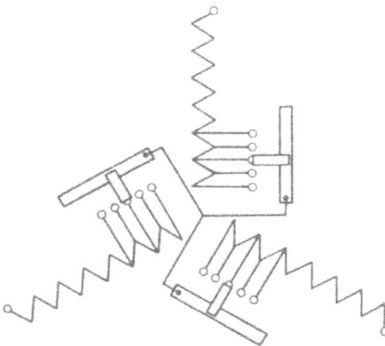

Abb. 5. Sternpunktsregelung.

Die bevorzugte Schaltung der angezapften Wicklungsstränge des dreiphasigen Leistungstransformators ist die Sternschaltung, weil sie die Möglichkeit bietet, die Regelspule im Sternpunkt anzuordnen. Die Sternpunktsregelung, die in Abb. 5 mit durchgehender Regelspule dargestellt ist, aber in gleicher Weise natürlich auch mit umkehrbarer oder umlenkbarer Regelspule ausgeführt werden kann, hat den großen Vorteil vor der Regelung am Wicklungseingang, daß sie die Anzapfungen und Regelorgane aus dem Gebiet herausrückt, in welchem durch einfallende Wanderwellen die höchsten Spannungsgradienten hervorgerufen werden. Demgemäß können die Regelorgane der drei Phasen mit verhältnismäßig geringen Isolationsabständen konstruktiv zusammengefaßt werden. Die Ersparnisse, die sich hieraus ergeben, sind so bedeutend, daß die Sternpunktsregelung beim Leistungstransformator zur Regel geworden ist.

d) Regelung bei Dreieckschaltung.

Läßt sich die Dreieckschaltung der geregelten Wicklungsstränge nicht vermeiden, so hat man die Wahl zwischen den in Abb. 6a bis c gezeigten Ausführungen. Mit Rücksicht auf die Sprungwellengefährdung am Wicklungseingang ist die Regelung in der Mitte jedes Wicklungsstranges (Abb. 6a) die vorteilhafteste. Eine einfachere konstruktive

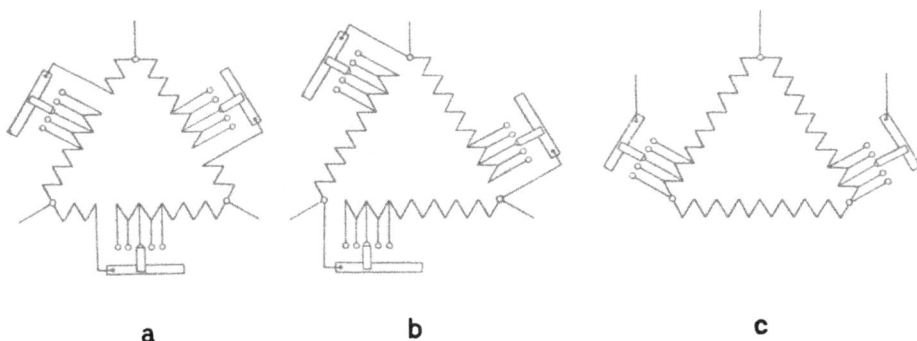

a   b   c

Abb. 6. Regelbare Dreieckwicklungen.

Lösung ergibt anderseits die Regelung an den entsprechenden Anfängen der drei Wicklungsstränge (Abb. 6b), weil sich Regelapparatur und Durchführung vereinigen lassen. Um die Zahl der Regelschalter zu vermindern, kann man sich schließlich auch auf die Regelung zweier Wicklungsstränge (Abb. 6c) beschränken, wobei indessen zu berücksichtigen ist, daß der über den Regler fließende Strom auf das $\sqrt{3}$ fache anwächst.

e) Parallelbetrieb von Regeltransformatoren, Thiessen-Schaltung.

Der einwandfreie Parallelbetrieb von Transformatoren erfordert außer Übereinstimmung der Schaltgruppe die Gleichheit der Übersetzungen und der Kurzschlußspannungen. Die beiden letzten Bedingungen auch bei Regeltransformatoren zu erfüllen, ist nicht immer leicht, wenn es sich um verschiedene Ausführungen handelt.

Bei großen Transformatoren mit entsprechend hoher Windungsspannung ist es selten möglich, eine genaue Übereinstimmung der Übersetzung auf allen Reglerstellungen zu erzielen. Die gleichen Schwierigkeiten entstehen, wenn die Stufenspannungen des vorhandenen Transformators ungleich sind und der neue Regeltransformator mit einer anderen Regelspulenschaltung arbeiten soll. Es ist deshalb notwendig, sich über die Auswirkung der Übersetzungsabweichungen auf den Parallelbetrieb Rechenschaft zu geben.

Beträgt der Übersetzungsunterschied zweier Transformatoren $\Delta\%$, so entsteht beim Parallelbetrieb eine innere Spannungsdifferenz, die je nachdem sie auf die Primär- oder Sekundärseite bezogen wird, sich zu $\frac{\Delta}{100} \cdot U_1$ bzw. $\frac{\Delta}{100} \cdot U_2$ errechnet und in der Abb. 7 dargestellten Schaltung auch unmittelbar gemessen werden kann. Diese Spannungsdiffe-

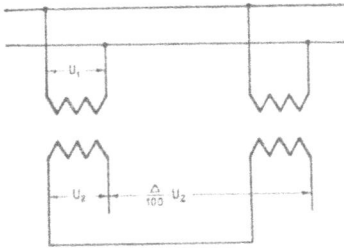

Abb. 7. Messung der Spannungsdifferenz bei Parallelläufern mit einer Übersetzungsabweichung von $\triangle\%$.

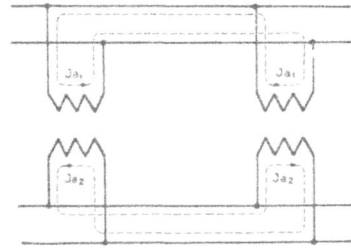

Abb. 8. Ausgleichströme zwischen Parallelläufern mit ungleichen Übersetzungen.

renz treibt, wie Abb. 8 zeigt, auf der Primär- und Sekundärseite durch die Wicklungen beider Transformatoren die Ausgleichströme J_{a1} und J_{a2}, die, wie die Lastströme, den Windungszahlen verkehrt proportional sind. Diese Ausgleichsströme sind, da sie allein durch die innere Spannungsdifferenz verursacht werden, von der Belastung des Parallellaufsatzes unabhängig. Bei Leerlauf können sie daher mit Stromzeigern leicht gemessen werden. Ihre Berechnung bietet keine Schwierigkeiten, da der Widerstand, den die Ausgleichströme zu überwinden haben, aus der Kurzschlußmessung bekannt sind. Es ist nämlich der primäre Ausgleichstrom

$$J_{a1} = \frac{\frac{\Delta}{100} U_1}{Z_{I1} \hat{+} Z_{II1}} \quad \ldots \ldots \ldots \ldots \quad (3)$$

und der sekundäre

$$J_{a2} = \frac{\frac{\Delta}{100} U_2}{Z_{I2} \hat{+} Z_{II2}} \quad \ldots \ldots \ldots \ldots \quad (4)$$

worin Z_{I1} und Z_{II1} bzw. Z_{I2} und Z_{II2} die auf die Primär- bzw. Sekundärseite bezogenen Kurzschlußimpedanzen der Transformatoren I und II bezeichnen. Andererseits können wir für die prozentualen Kurzschlußspannungen beider Transformatoren schreiben, wenn die primären und sekundären Nennströme J_{I1}, J_{II1} und J_{I2}, J_{II2} ʃbeider Transformatoren in die Rechnung eingeführt werden.

$$u_{k1} = 100 \; \frac{J_{I1} \cdot Z_{I1}}{U_1} = 100 \cdot \frac{J_{I2} \cdot Z_{I2}}{U_2} \quad \ldots \ldots \quad (5)$$

$$u_{kII} = 100 \; \frac{J_{II1} \cdot Z_{II1}}{U_1} = 100 \; \frac{J_{II2} \cdot Z_{II2}}{U_2} \quad \ldots \ldots \quad (6)$$

Durch Einsetzen dieser Werte in die Gl. (3) und (4) ergibt sich

$$J_{a1} = \frac{\varDelta}{\dfrac{u_{kI}}{J_{I1}} + \dfrac{u_{kII}}{J_{II1}}} \quad \ldots \ldots \ldots \ldots \quad (7)$$

$$J_{a2} = \frac{\varDelta}{\dfrac{u_{kI}}{J_{I2}} + \dfrac{u_{kII}}{J_{II2}}} \quad \ldots \ldots \ldots \ldots \quad (8)$$

Da das Verhältnis vom Wirkwiderstand zu Streublindwiderstand bei beiden Transformatoren nicht allzu stark verschieden sein dürfte, folgt mit genügender Annäherung

$$\frac{J_{a1}}{J_{I1}} = \frac{J_{a2}}{J_{I2}} \approx \frac{\varDelta}{u_{kI}\left(1 + \dfrac{u_{kII} \cdot N_I}{u_{kI} \cdot N_{II}}\right)} \quad \ldots \ldots \ldots \quad (9)$$

da das Verhältnis J_{I1}/J_{II1} bzw. J_{I2}/J_{II2} durch das Verhältnis der Nenn-leistungen N_I/N_{II} beider Transformatoren ersetzt werden kann. Der größte Relativwert des Ausgleichstromes trifft natürlich den Transformator mit der geringeren Nennleistung, weshalb es zweckmäßig ist, den Zeiger I dem kleineren zuzuteilen.

Beispiel:

$$N_I = 3000 \text{ kVA} \qquad u_{kI} = 6,4 \,^0/_0$$
$$N_{II} = 5000 \text{ kVA} \qquad u_{kII} = 5,9 \,^0/_0$$

Der relative Ausgleichstrom, bezogen auf den 3000 kVA-Transformator, ist bei einem angenommenen Übersetzungsunterschied von 1,2%

$$\frac{J_{a1}}{J_{I1}} = \frac{J_{a2}}{J_{I2}} \approx \frac{1,2}{6,4\left(1 + \dfrac{5,9 \cdot 3000}{6,4 \cdot 5000}\right)} = 0,121$$

d. h. 12,1% des Nennstromes.

Bei Belastung des Parallelläufersatzes überlagert sich der Ausgleichstrom den Lastströmen, und zwar im Sinne einer Stromerhöhung bei demjenigen Transformator, der bei gleicher Erregung ohne Parallel-schaltung die höhere Sekundärspannung ergeben würde. Die Strombe-lastung des anderen Transformators ermäßigt sich um den gleichen abso-luten Betrag. Die Verhältnisse werden deshalb besonders dann kritisch, wenn gerade der kleinere Transformator für sich betrachtet, die höhere Sekundärspannung aufweist. Kehrt sich indessen die Energierichtung um, so erzeugt natürlich der andere Transformator die höhere Sekundärspannung und damit wechselt auch die Überlastung durch den Ausgleichstrom entsprechend.

In Abb. 9 ist die Strombelastung eines Parallellaufsatzes vektoriell dargestellt. Zur Vereinfachung ist angenommen, daß das Verhältnis von Wirk- zu Streublindwiderstand bei beiden Transformatoren gleich ist. Die beiden sekundären Lastströme J_{I2} und J_{II2} fallen daher genau in die gleiche Richtung und eilen der Sekundärspannung U_2 um den Winkel φ nach. Der Ausgleichstrom J_{a2} ist gegen die Spannung um den Kurzschlußphasenwinkel φ_k verschoben und addiert bzw. subtrahiert sich geometrisch zu den Lastströmen. Wenn der Transformator I für sich betrachtet die höhere Sekundärspannung liefert, so ergeben sich, wie im Diagramm gezeichnet, die resultierenden Ströme $J'_{I2} > J_{I2}$ und $J'_{II2} < J_{II2}$.

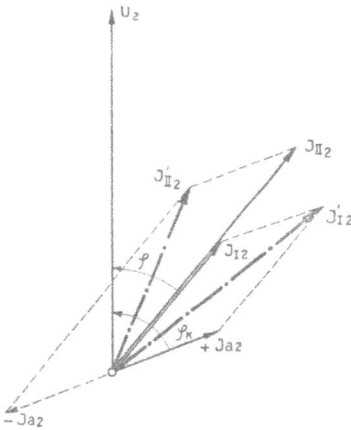

Abb. 9. Vereinfachtes Diagramm zweier Parallelläufer mit ungleichen Übersetzungen.

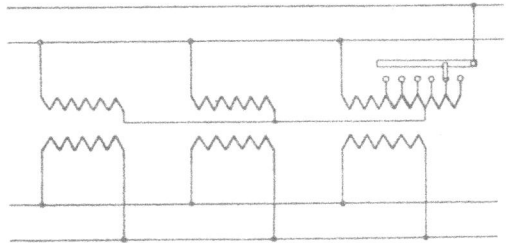

Abb. 10. Parallelschaltung nach Thiessen.

Im allgemeinen werden nach Vorstehendem die durch Ausgleichströme hervorgerufenen Lastverschiebungen nicht bedenklich sein, wenn die Kurzschlußspannungen die bei Großtransformatoren üblichen hohen Werte aufweisen und der Übersetzungsunterschied in der Größenordnung von 1% liegt. Es ist deshalb kaum notwendig, die Reglerantriebe der Parallelläufer mechanisch miteinander zu kuppeln. Man begnügt sich gewöhnlich mit einer gegenseitigen elektrischen Verriegelung.

Eine weitere Schwierigkeit für den Parallelbetrieb ergibt sich daraus, daß die Kurzschlußspannung der Regeltransformatoren bei größeren Regelbereichen von der Reglerstellung mehr oder weniger abhängig ist. Dieser Einfluß auf die Kurzschlußspannung ist durch die räumliche Anordnung des angezapften Wicklungsteiles und der übrigen Wicklungen bedingt. Da die von den einzelnen Herstellern angewandten Wicklungsanordnungen recht verschieden sind, so ist eine befriedigende Übereinstimmung der Kurzschlußspannungen auf allen Stufen bisweilen nicht zu erzielen und Zugeständnisse von seiten des Betriebes erforderlich.

Statt alle Parallelläufer mit Stufenregelung auszurüsten, kann man indessen auch die Regelung des Parallelaufsatzes einem einzigen Transformator aufbürden, der also eine Vereinigung eines Leistungstransformators mit fester Übersetzung und eines Regelspartransformators darstellt. Diese von Thiessen[1]) angegebene Anordnung zeigt schematisch Abb. 10. Wenn die Regelspule so angeordnet wird, daß keine nennenswerte Beeinflussung der Kurzschlußspannung des Regeltransformators durch die Reglerstellung hervorgerufen wird, so verschwinden die obengenannten Parallellaufschwierigkeiten, die sonst bei Einzelregelung der Parallelläufer auftreten. Man ist jedoch im allgemeinen darauf angewiesen, die Regelung am Wicklungseingang vorzunehmen, da die Sternpunktsregelung voraussetzen würde, daß sämtliche Parallelläufer an der Seite, auf der geregelt wird, in offener Schaltung ausgeführt sind bzw. werden.

2. Spartransformatoren.

Im wesentlichen kommt für die Netzregelung die Verwendung von Regeltransformatoren in Sparschaltung nur dann in Betracht, wenn die Leistungstransformatoren selbst noch keine Regeleinrichtungen besitzen, also vor allem in alten Anlagen. In besonderen Fällen wird jedoch auch bei Neuanlagen die Regelung nicht am Leistungstransformator, sondern mit Hilfe von besonderen Spartransformatoren vorgenommen. Die Gründe hierfür können mannigfacher Art sein. Bei Großtransformatoren beispielsweise kann die Transportfrage dazu zwingen, die Regelung in einen vorgeschalteten Spartransformator zu verlegen, um Abmessungen und Gewicht des Leistungstransformators auf diese Weise herabzusetzen. In ausgedehnten Niederspannungsnetzen mit unzureichender Vermaschung andererseits wäre die Regelung am Leistungstransformator verfehlt, weil die Spannungsabfälle zwischen Transformator und den einzelnen Verbrauchern wegen der verschiedenen Entfernung derselben vom Speisepunkt stark voneinander abweichen. Hier ist ein Sparregeltransformator vor den entfernteren Netzteilen am Platze.

Im Gegensatz zu Leistungstransformatoren ist die Kurzschlußsicherheit der Spartransformatoren keine absolute, sondern nur eine bedingte, da es nicht möglich ist, bei Sparschaltung eine ausreichende Kurzschlußimpedanz zu erzielen[2]). Besonders kritisch ist diejenige Reglerstellung, in der überhaupt keine Spannungsänderung oder nur eine solche um den Betrag einer Stufe bewirkt wird. Im ersten Falle ist

---

[1]) W. Thiessen, Spannungsregelung mit Leistungstransformatoren. ETZ 57 (1936) H. 5 S. 113.

[2]) R. Küchler, Die Kurzschlußfestigkeit von Spartransformatoren und Zusatztransformatorensätzen. ETZ 47 (1926), H. 15, S. 440.

die Kurzschlußspannung null, im zweiten praktisch null. Daraus ergibt sich, daß sowohl die maximale Strombeanspruchung des Regelschalters als auch diejenige der Wicklung allein durch die Impedanz des Netzes bestimmt wird. Diesem Umstande ist bei der Planung Rechnung zu tragen. Gegebenenfalls wird man durch Einbau von Reaktanzspulen die Netzimpedanz auf einen Wert erhöhen müssen, der den stationären Kurzschlußstrom an der Einbaustelle auf den 30fachen[1]) Betrag des Nenn-Durchgangsstromes begrenzt. Eine weitere Gefahr erwächst dem Spartransformator beim ein- oder mehrpoligen Kurzschluß zwischen Ein- und Ausgangsklemmen, insbesondere wenn nur eine oder wenige Regelstufen eingeschaltet sind. Während der kurzgeschlossene Teil der Regelwicklung hierbei außerordentlich hoch beansprucht wird, ist die Stromaufnahme der Erregerwicklung nicht ausreichend, um den auf den D u r c h g a n g s s t r o m abgestimmten Überstromschutz zum Ansprechen zu bringen. Eine Verbrennung der Wicklungen ist die unausbleibliche Folge. Diese Erscheinung läßt sich mit Sicherheit nur durch einen zusätzlichen Überstromschutz vermeiden, der vom E r r e g e r s t r o m des Spartransformators gesteuert wird. Ein phasenweiser Kurzschluß zwischen Ein- und Ausgangsklemmen entsteht übrigens auch beim Sammelschienen-Parallelbetrieb zweier Regelspartransformatoren, wenn diese von der Nullstellung der Regler nicht genau synchron auf die erste Stufe geschaltet werden. Hier hilft nur der Einbau einer kleinen Drosselspule, die in der Lage ist, die Spannung einer Stufe aufzunehmen und die als Stromteiler zwischen die beiden Parallelläufer gelegt wird.

Die verschiedenen Schaltungen, die bei Sparregeltransformatoren angewendet werden, sind nicht nur vom Gesichtspunkt der Vereinfachung oder Verkleinerung des Regelschalters aus zu betrachten; von größter Bedeutung für die Wirtschaftlichkeit ist auch die Innenleistung des Spartransformators, welche ebenfalls von der Schaltung abhängt.

a) Einfacher Regelsinn, Aufwärtsregelung.

Bei den in Abb. 11a und b dargestellten Spartransformatoren mit nur einem Regelsinn wird die konstante oder nur wenig veränderliche Spannung an den festen Anschlußpunkt, die veränderliche oder stark veränderliche Spannung an den beweglichen Kontakt des Reglers angeschlossen. Die Energierichtung ist dabei an sich gleichgültig. Praktisch wird es jedoch stets so sein, daß die Sekundärspannung die höhere ist, da ja der Sparregler den Spannungsabfall ausgleichen soll. Damit ergibt die in Abb. 11a und b durch Pfeile angedeutete Energierichtung. Beide Schaltungen dienen also der Aufwärtsregelung, jedoch mit dem Unterschied, daß einmal auf der Seite der abgegebenen (Abb. 11a), das andere

---

[1]) RET § 57 (VDE 0532/1934).

Mal (Abb. 11b) auf der der ankommenden Spannung geregelt werden soll, je nach der Aufstellung des Regeltransformators am Anfang oder Ende der Leitung.

Die größte Innenleistung des Spartransformators, die für die Wahl der Typengröße maßgebend ist, tritt in der äußersten Reglerstellung auf,

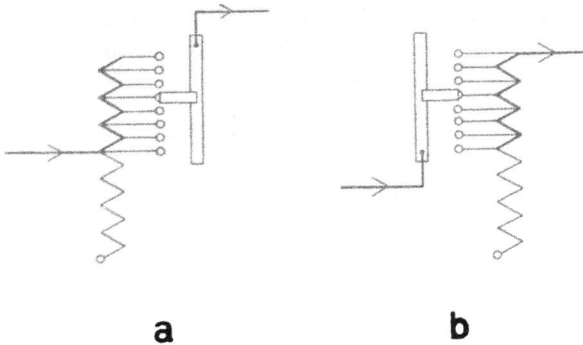

a   b

Abb. 11. Spartransformator mit einem Regelsinn.

d. h. wenn die Übersetzung am stärksten vom Verhältnis 1 : 1 abweicht. Bezeichnen wir die hierbei sich ergebende Spannungsänderung mit u, die zugehörige Sekundärspannung mit U_2, so errechnet sich die Innenleistung in beiden Fällen zu

$$N_i = N_D \cdot \frac{u}{U_2} \quad \ldots \ldots \ldots \ldots \quad (10)$$

worin unter N_D die Durchgangsleistung zu verstehen ist.

b) Doppelter Regelsinn mit durchgehender oder umkehrbarer Regelspule.

Eine erhebliche Verminderung der Innenleistung des Spartransformators läßt sich durch Hebung der Speisespannung um den halben Spannungsabfall der Leitung erzielen, wodurch der Regelbereich in eine positive und eine negative Hälfte unterteilt wird. Dabei kann man entweder die Regelwicklung für den vollen Regelbereich bemessen und die Festspannung an den Mittelpunkt der Regelwicklung anschließen (Abb. 12a) oder eine Regelwicklung für den halben Regelbereich verwenden und diese mit Hilfe eines Wenders umkehren (Abb. 12b). Im ersten Falle vermindert sich die Typenleistung des Spartransformators auf ca. 75%, im zweiten auf ca. 50% derjenigen des in Abb. 11a und b dargestellten Regelspartransformators mit nur einem Regelsinn. Bei der Regelung einer Spannung U um maximal $\pm u$ V ergibt sich nämlich für die Durchregelung (Abb. 12a) eine Innenleistung

$$N_i = 1{,}5 \cdot N_D \frac{u}{U} \quad . \quad . \quad . \quad . \quad . \quad . \quad . \quad . \quad (11)$$

und für die Zu- und Gegenschaltung (Abb. 12b) eine solche

$$N_i = N_D \frac{u}{U - u} \quad . \quad . \quad . \quad . \quad . \quad . \quad . \quad (12)$$

wobei zu berücksichtigen ist, daß die Spannungsänderung u in vorliegendem Falle nur die Hälfte des Wertes erreicht, der bei einfachem Regelsinn notwendig wäre. Zu der größeren Ersparnis am Transformator

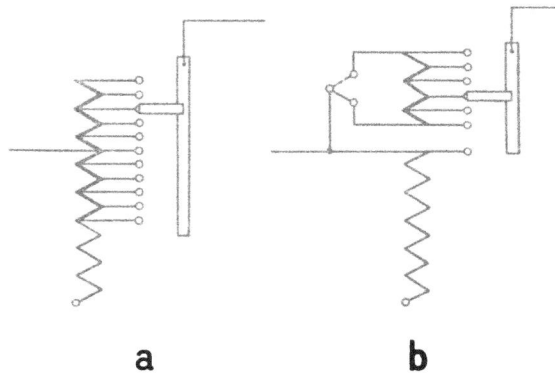

a   b

Abb. 12. Spartransformator mit doppeltem Regelsinn. *a* Durchregelung, *b* Zu- und Gegenschaltung.

selbst kommt bei der Umkehrung der Regelspule die Verminderung der Zahl von Anzapfungen, Verbindungsleitungen und Reglerkontakten, so daß im allgemeinen die Wahl zugunsten der Schaltung nach Abb. 12b ausfallen wird. In gewissen Fällen, vor allem bei geringer Stufenzahl und kleiner Durchgangsleistung hat jedoch auch die Durchregelung nach Abb. 12a ihre Berechtigung, da sie wegen Wegfall der Umschaltung mit einem denkbar einfachen Regelmechanismus auskommt. Was den Wender der umkehrbaren Regelspule betrifft, so gilt das gleiche, was beim Leistungstransformator hierüber gesagt wurde. Auch die Totstufen zwischen dem an das Ende der Erregerwicklung angeschlossenen Ruhekontakt und den Regelspulen-Endkontakten finden wir hier wieder. Sie lassen sich in derselben Weise vermeiden, wie beim Leistungstransformator in Abb. 3a gezeigt wurde.

c) **Verdoppelung des Regelsinnes durch Netzvertauschung oder Doppelschaltung.**

Der Zu- und Gegenschaltung etwa gleichwertige Ausführungen[1] des Regelspartransformators zeigen die Abb. 13a und b. Hier sind die Regel-

---

[1] K. Bölte: Umkehrung des Regelsinnes bei Regeltransformatoren. In: Hochspannungsforschung und Hochspannungspraxis, hrsg. von Biermanns und Mayr. Berlin 1931.

spulen ebenfalls nur für den halben Regelbereich bemessen, aber fest mit der Erregerwicklung in Reihe geschaltet. Die Umkehrung des Regelsinnes wird hier entweder durch Vertauschung der Netzanschlüsse mittels eines zweipoligen Wenders (Abb. 13a) oder durch zwei Kontaktbahnen

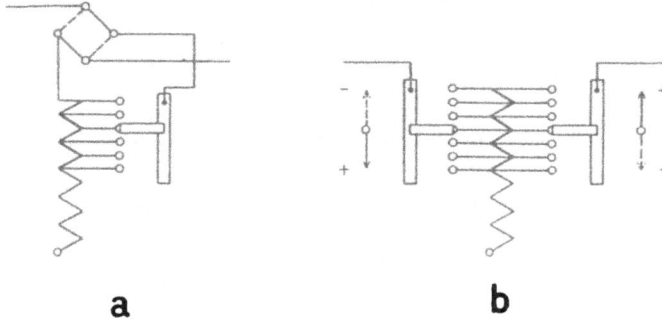

Abb. 13. Spartransformator mit doppeltem Regelsinn. *a* Netzvertauschung, *b* Doppelschaltung.

(Abb. 13b) erzielt, die vom Mittelkontakt aus wechselweise und gegenläufig um je eine Stufe im positiven oder negativen Regelsinn weitergeschaltet werden. Auch wenn entweder die abgehende oder zugeführte Netzspannung unveränderlich ist, arbeitet der Spartransformator mit Netzvertauschung oder Doppelschaltung mit veränderlicher Induktion. Dementsprechend sind die beiden Regelbereichhälften ungleich. Macht man die kleinere von beiden gleich der verlangten, so ergibt sich die gleiche Innenleistung des Spartransformators wie bei dem mit zu- und gegenschaltbarer Regelspule. Der Vorteil, den die Vermeidung gegengeschalteter Windungen mit sich bringt, wird also durch die Induktionsschwankung wieder aufgezehrt. Allerdings kommt die Änderung der Induktion den Eisenverlusten zugute, so daß diese im Durchschnitt niedriger sind als beim Spartransformator mit umkehrbarer Regelspule. Dieser Gewinn ist aber ziemlich teuer erkauft, wenn man die Komplikation des Reglers in Betracht zieht. Bei der Netzvertauschung ist die Kontaktbahn bei Aufwärts- und Abwärtsregelung gleichsinnig zu durchlaufen. Im Gegensatz zur Zu- und Gegenschaltung ist daher entweder der Drehsinn des Antriebes beim Übergang vom positiven zum negativen Regelsinn umzukehren oder die Kontaktbahn zu verdoppeln. Die letztgenannte Ausführung, die Abb. 14 zeigt, ist die üblichere. Sie weist also die gleiche Kontaktzahl auf wie die Doppelschaltung und hat obendrein noch einen zweipoligen Wender, der so geformt sein muß, daß er in der Mittelstellung, d. h. wenn zugeführte und abgehende Spannung gleich sind, unterbrechungs-

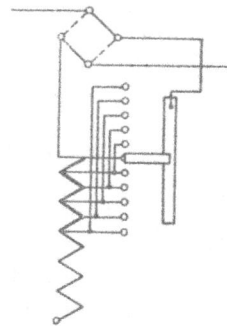

Abb. 14.
Netzvertauschung mit doppelter Kontaktbahn.

los umschaltet. Andererseits bedingt die wechselweise Betätigung der beiden Kontaktbahnen bei der Doppelschaltung einen komplizierteren Antrieb. Eigentümlich diesen beiden Schaltungen ist der Fortfall jeglicher Totstufen ohne besondere Kunstgriffe.

Die Abwägung der erwähnten Vorteile und Nachteile der Netzvertauschung oder Doppelschaltung gegenüber der Zu- und Gegenschaltung wird im allgemeinen zugunsten der in Abb. 12b dargestellten Umkehrschaltung ausfallen.

d) Grob- und Feinregelung für sehr große Regelbereiche.

Für Spartransformatoren, die zur Regelung von Leistungstransformatoren diesen unmittelbar vorgeschaltet werden, reichen die beschriebenen Schaltungen nur aus, wenn an die Größe des Regelbereiches keine besonders hohe Anforderungen gestellt werden. Diese Voraussetzung wird jedoch nicht immer erfüllt. So sind z. B. bei Ofentransformatoren Regelungen im Verhältnis 1 : 2 bis 1 : 3 notwendig. Hand in Hand mit der Vergrößerung des Regelbereiches muß im allgemeinen aber auch die der Stufenzahl gehen, da im anderen Falle entweder die Schaltleistung je Stufe von der Regeleinrichtung nicht mehr zu beherrschen wäre oder die Spannungssprünge von Stufe zu Stufe für den Verwendungszweck zu grob ausfallen würden. Das vorstehend genannte Mittel zur Verminderung der Zahl der Anzapfungen und Reglerkontakte durch Zerlegung des Regelbereiches in eine positive und negative Hälfte ist bei derartig großen Regelbereichen nicht anwendbar, da die Spannungserhöhung bei Aufwärtsregelung Werte annehmen würde, die die Isolation des speisenden Netzes im Erdschlußfalle gefährden können. Man muß sich also mit der Abwärtsregelung der Speisespannung begnügen und andere Verfahren benutzen, um die erforderliche hohe Stufenzahl mit einem erträglichen Aufwand zu erreichen. Diese Verfahren werden als Grob- und Feinregelung bezeichnet.

Ein Beispiel für die Grob- und Feinregelung ist im Abschnitt »Leistungstransformatoren« auf S. 17 bereits beschrieben worden. Der dieser Schaltung zugrunde liegende Gedanke, die Stufenzahl dadurch zu erhöhen, daß an den Grobstufen eine mit der Hauptwicklung magnetisch verkettete Feinregelspule einpolig entlanggeschaltet wird, läßt sich, wie Abb. 15 zeigt, auch beim Spartransformator anwenden. Der Grobwähler a besorgt die Umlenkung der Feinregelspule, deren Windungszahl zur Vermeidung von Totstufen entsprechend einer Feinstufe geringer ist als diejenige einer Grobstufe. Die Umlenkung erfolgt stromlos, wenn der bewegliche Kontakt des Feinwählers auf dem an den dritten Wähler c angeschlossenen Ruhekontakt 0 angekommen ist. Der Ruhekontaktwähler ist stromlos zu betätigen, sobald der Feinwähler den Ruhekontakt verlassen hat. Durch eine geeignete mechanische Kupplung der 3 Wähler läßt sich eine kontinuierliche Senkung oder Steigerung der abgegebenen

Spannung je nach der Drehrichtung am Feinstufenwähler erzielen. Bei der Isolation der Feinregelspule ist zu beachten, daß sie entsprechend der Größe des Regelbereiches spannungsmäßig sehr erhebliche Verschiebungen im Betriebe erleidet.

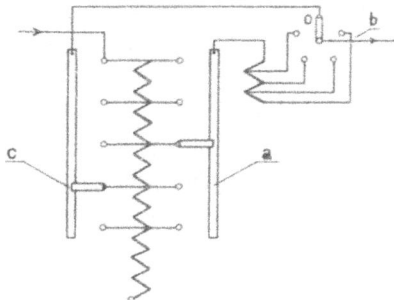

Abb. 15. Spartransformator mit Grob- und Feinregelspule. a Grobwähler, b Feinwähler,
c Ruhekontaktwähler.

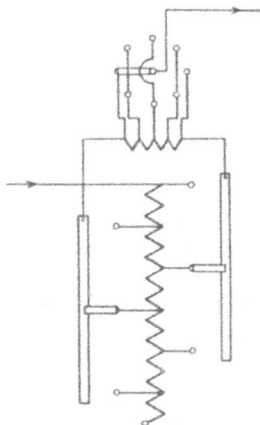

Abb. 16. Grobstufiger Spartransformator mit Spannungsteiler für Feinregelung.

Die Grob- und Feinregelung kann auch mit einem magnetisch unabhängigen Spannungsteiler erfolgen, der an den Grobstufen entlang geschaltet wird. Im Gegensatz zu der magnetisch mit der Hauptwicklung verketteten Feinregelspule darf der Spannungsteiler beim Weiterschalten umgepolt werden, so daß ein besonderer Ruhekontakt entbehrlich ist. Dafür wird aber der Nachteil eingetauscht, daß am Grobwähler der Magnetisierungsstrom des Spannungsteilers unterbrochen werden muß, eine kleine Unannehmlichkeit, der man aber lieber aus dem Wege geht. Abb. 16 zeigt die Schaltung. Es sind zwei Grobwähler, der eine für die gradzahligen, der andere für die ungradzahligen Anzapfungen des Spartransformators und ferner ein Feinwähler mit verdoppelter Kontaktbahn erforderlich, denn nur so bleibt der Zusammenhang zwischen Drehsinn des Feinstufenwählers und Spannungsänderung unverändert. Den Magnetisierungsstrom des Spannungsteilers kann man durch geringe Sättigung seines Eisens klein halten oder auch durch Parallelschalten eines Kondensators kompensieren.

e) Sternsparschaltung.

Dreiphasige Spartransformatoren müssen im allgemeinen in Stern geschaltet werden, wobei die Regelspulen an den äußeren Enden der Wicklungsstränge anzuschließen sind. Nur dann, wenn der Spartransformator der in Stern geschalteten Wicklung eines Leistungstransformators unmittelbar vorgeschaltet ist, kann man die Regelspulen in den Sternpunkt legen, was aber zur Voraussetzung hat, daß der Sternpunkt des Leistungstransformators aufgelöst zu drei Klemmen geführt ist. Der Vorteil der Sternpunktsregelung wurde im Abschnitt über »Leistungstransformatoren« bereits erwähnt. Beim Spartransformator bleibt indessen die Nullpunktsregelung eine seltene Ausnahme. Die am Eingang der Wicklungsstränge liegende Regelspule wird man in Höchstspannungsanlagen zweckmäßigerweise durch Überbrückung mit Überspannungsableitern oder Kondensatoren vor heftigen Stoßbeanspruchungen schützen.

f) V-Sparschaltung.

Der relative Kostenanteil für die Regeleinrichtung ist beim Spartransformator wegen seiner im Verhältnis zur Durchgangsleistung geringen Innenleistung erheblich größer als beim Leistungstransformator. Eine geringe Verteuerung des Transformators selbst ist daher stets lohnend, wenn damit eine beträchtliche Vereinfachung am Regelmechanismus erzielt werden kann. Von diesem Gesichtspunkt aus betrachtet stellt die V-Sparschaltung[1]) eine beachtliche Lösung des Preisproblems dar. Die V-Sparschaltung (Abb. 17) benötigt nämlich statt drei nur zwei Regelorgane. Zu beachten ist aber die gegenseitige Verlagerung der primären und sekundären System-Sternpunkte 0 und $0'$. Wenn kein durchgeschalteter Sternpunktsleiter vorhanden ist und der Spartransformator auch nicht zwei Teile eines Netzes mit Erdschlußlöscheinrichtung kuppelt oder einem Transformator unmittelbar vorgeschaltet wird, der auf der gleichen Seite keinen Erdschlußspulenanschluß erhält, spielt diese Verlagerung allerdings keine Rolle. Diese Voraussetzungen werden aber bei Netzreglern nur selten erfüllt, wohl stets dagegen bei Sparreglern, die Ofen- oder Gleichrichtertransformatoren zugeordnet sind. Man hat also die Frage der Anwendung der V-Sparschaltung fallweise zu prüfen.

Die V-Sparschaltung kann entweder mit zwei Einphasentransformatoren gebildet werden oder aber auch mit einem normalen dreischenkligen Eisenkern, wobei die Schaltung der bewickelten Außenschenkel nach Abb. 18 so zu treffen ist, daß im Mittelschenkel die Differenz der beiden um 60° phasenverschobenen Außenschenkelflusse auftritt. In diesem Falle wird der Eisenkern in gleicher Weise wie bei dreiphasiger Erregung magnetisiert. Die transformierte Leistung entspricht einer Durchgangsleistung $2 \cdot U \cdot J$, während die tatsächliche Durchgangsleistung $\sqrt{3} \cdot U \cdot J$ um 13,5 % geringer ist. Die Verteuerung des Transformators ist also nicht so bedeutend, daß sie den Gewinn am Regelmechanismus wieder aufzehren kann. Nebenbei bemerkt, ist beim V-Spartransformator eine in Dreieck geschaltete Tertiärwicklung, die beim

[1]) R. Küchler, Transformatoren für Spannungsregelung unter Last. ETZ 55 (1934) H. 43, S. 1054, H. 44, S. 1075.

Spartransformator mit Rücksicht auf die Möglichkeit des Doppelerd-
schlusses kaum zu entbehren ist, völlig überflüssig, da die *V*-Schaltung
eine Störung des *A*W-Gleichgewichtes nicht zuläßt.

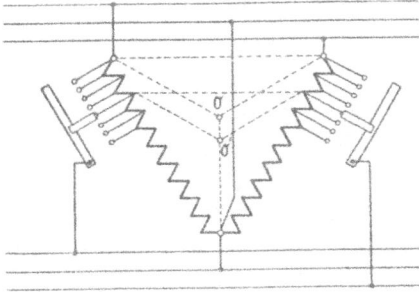

Abb. 17. Spartransformator in *V*-Schaltung.   Abb. 18. Anordnung der Wicklungen auf einem
dreischenkligen Kern für *V*-Schaltung.

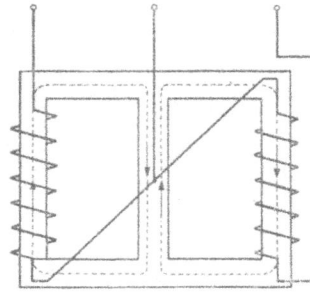

3. Zusatztransformatorensätze.

Der im voraufgehenden Abschnitt behandelte Regelspartransformator regelt die Netzspannung unmittelbar. Die Regeleinrichtung muß
also für die volle Netzspannung und den durchgehenden Strom bemessen
werden. In Hochspannungsanlagen wird daher in erster Linie die Spannung, in Mittel- bzw. Niederspannungsanlagen die Stromstärke den Preis
der Regelorgane bestimmen. Und da, wie bereits gesagt, die anteiligen
Kosten des Regelschalters beim Spartransformator sehr hoch sind, ist es
verständlich, daß bisweilen der indirekten Regelung mit Hilfe eines aus
Zusatz- und Erregertransformator bestehenden Satzes der Vorzug gegeben wird. Im übrigen gilt für einen derartigen Regelsatz bezüglich des
Anwendungsbereiches, der Kurzschlußsicherheit und des Überspannungs-
schutzes das gleiche wie für den Regelspartransformator. Auch von der
Umkehrung der Zusatzspannung wird natürlich Gebrauch gemacht, was
um so notwendiger ist, als der Zusatztransformatorensatz aus zwei Transformatoren besteht, so daß sich Ersparnisse an Typengröße doppelt aus-
wirken.

a) Erregertransformator mit getrennten Wicklungen oder in
Sparschaltung.

Je nach der Problemstellung hat man zwei Ausführungsformen des
Regelsatzes zu unterscheiden: Die erste bedient sich eines Erregertransformators mit getrennten Wicklungen und soll die Hochspannung vom
Regelschalter fernhalten; die zweite weist einen Erregertransformator
in Sparschaltung auf und vermindert die Strombelastung des Regelschalters. Damit sind die Anwendungsgebiete beider Ausführungen genügend gekennzeichnet. Sehen wir zunächst von den Mitteln zur Um-

kehrung des Regelsinnes ab, so ergeben sich die beiden grundsätzlichen Schaltungen nach Abb. 19a und b. Die Spannungsregelung erfolge jedesmal in den Grenzen $U \pm u$ (V). Dann ist die maximale Spannung im Reglerkreis, die sich in der äußersten Reglerstellung einstellt, im ersten

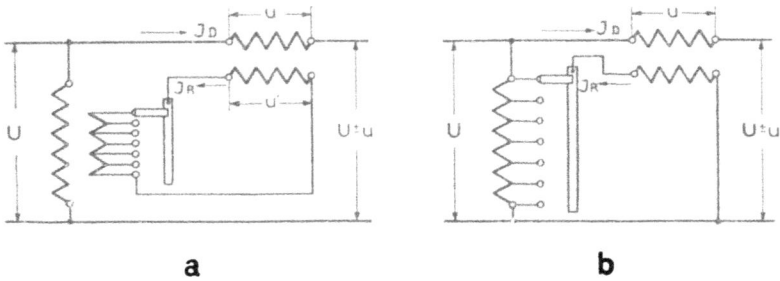

a   **b**

Abb. 19. Zusatztransformatorensätze: *a* Erregertransformator mit getrennten Wicklungen, *b* in Sparschaltung.

Falle gleich der frei wählbaren Spannung u', im zweiten Falle gleich der Netzspannung U. Der über dem Regelschalter fließende Strom J_R ist also, wenn J_D den netzseitigen Durchgangsstrom bezeichnet, in Abb. 19a

$$J_R = J_D \frac{u}{u'} \quad \ldots \ldots \ldots \ldots (13)$$

in Abb. 19b dagegen

$$J_R = J_D \frac{u}{U} \quad \ldots \ldots \ldots \ldots (14)$$

Ein zahlenmäßiger Vergleich möge zur Erläuterung dienen. Nehmen wir einen Regelbereich von $\pm 10\%$ an, so ergibt sich für die Ausführung des Erregertransformators mit getrennten Wicklungen bei einer Netzspannung von 100 kV, einem Durchgangsstrom $J_D = 200$ A und einer Reglerkreisspannung $u' = 10$ kV am Regelschalter ein Strom $J_R = J_D = 200$ A. In einem 10-kV-Netz dagegen beträgt der Strom bei gleicher Durchgangsleistung 2000 A. Wird hierfür die Schaltung nach Abb. 19b gewählt, so errechnet sich ein Reglerstrom $J_R = 0,1 J_D = 200$ A. In beiden Fällen kann also der gleiche Regelschalter verwendet werden, der weder hohe Anforderungen an die Isolation noch an die Stromleitung stellt. Die sich hieraus ergebende Verminderung an Regelschaltertypen ist für die Fertigung von nicht zu unterschätzender Bedeutung.

Dem verhältnismäßig billigen Schalter steht allerdings der erhöhte Aufwand für die Transformatoren gegenüber. Die Innenleistung des Zusatztransformators beträgt bei einer Regelung der Netzspannung U um $\pm u$ (V) — mittels geeigneter Wender — bei konstanter Durchgangsleistung

$$N_i = N_D \frac{u}{U - u} \quad \ldots \ldots \ldots \ldots (15)$$

Sie ist also genau so groß wie die eines Spartransformators mit Umkehrschaltung oder Netzvertauschung. Der Erregertransformator ist
bei Ausführung mit getrennten Primär- und Sekundärwicklungen für
die gleiche Innenleistung auszulegen. Der Materialaufwand für den
Zusatztransformatorensatz nach Abb. 19a ist demnach doppelt so
hoch wie beim Spartransformator. Günstiger liegen die Verhältnisse
beim Regelsatz mit Erreger-Spartransformator nach Abb. 19b. Die für
die Typengröße des Erreger-Spartransformators maßgebende Innenleistung N_E ist von der Stufenzahl abhängig. Für konstanten netzseitigen Durchgangsstrom J_D und damit auch konstanten Erregerstrom
J_R kann das Verhältnis dieser Innenleistung N_E zur maximalen Zusatz-
transformatorenleistung N_Z der folgenden Zahlentafel entnommen werden.

Stufenzahl n	2	3	4	5	6	7	8	9	10
N_E/N_Z	0,25	0,278	0,313	0,32	0,333	0,337	0,344	0,346	0,35

Bei der Berechnung dieser Zahlenwerte ist angenommen worden,
daß die Drahtquerschnitte für die einzelnen Stufen den entsprechenden
höchsten Strombelastungen angepaßt werden.

Nach der Zahlentafel beträgt die scheinbare Innenleistung des Erregertransformators rd. 35% der Maximalleistung des Zusatztransformators, wenn die Stufenzahl $n > 6$. Setzt man den Materialaufwand
eines Transformators der 3/4ten Potenz seiner Innenleistung proportional,
so verbleibt immer noch ein Mehraufwand von 46% für den Zusatztransformatorensatz gegenüber dem Spartransformator.

Dieser Mehraufwand läßt sich dadurch mildern, daß man beide
Transformatoren in einen gemeinsamen Ölkasten einbaut. Eine Kombination beider Eisenkerne zum Zwecke der Eisenersparnis in einem gemeinsamen Joch ist wegen der mit der Umkehrschaltung verbundenen
Flußrichtungsänderung im Zusatztransformator ohne Erfolg.

b) Einpolige Umschaltung.

Das einfachste Mittel zur Umkehrung des Regelsinnes eines Zusatz-
transformatorensatzes ist die einpolige Umschaltung, wobei die vom
Leistungs- und Spartransformator bereits bekannte Methode zur Vermeidung von Totstufen ebenfalls anwendbar ist. Abb. 20a zeigt eine
solche Schaltung für einen Satz mit Zweiwicklungs-Erregertransformator.
Die Kontaktbahn ist kreisförmig angeordnet und wird von dem beweglichen Kontaktarm zweimal durchlaufen, um eine Drehsinnänderung von
einer Grenze des Regelbereiches zur anderen zu gelangen. Ist der Kontaktarm auf dem Kontakt *0* aufgelaufen, so ist die Primärwicklung des
Zusatztransformators kurzgeschlossen. Dabei ist eine stromlose Um-

legung des Wenders gegeben, der entweder am oberen oder unteren
Ende jedes Stranges der sekundären Erregertransformatorenwicklung
ihren Sternpunkt bildet. Bemerkenswert bei dieser Schaltung ist, daß
die Primärwicklung des Zusatztransformators einen unabhängigen Sternpunkt erhält.

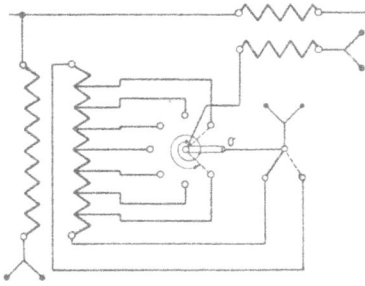

<table>
<tr><td>Abb. 20 a. Einpolige Umschaltung beim Zusatz-
transformatorensatz mit Zweiwicklungs-
Erregertransformator.</td><td>Abb. 20 b. Einpolige Umschaltung beim Zusatz-
transformatorensatz mit Erreger-Spartrans-
formator.</td></tr>
</table>

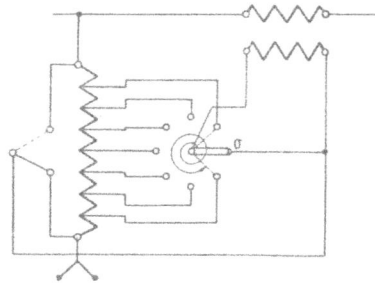

Beim Regelsatz mit Erregerspartransformator ist dagegen die Bildung eines unabhängigen Sternpunktes am Zusatztransformator nicht
möglich, wenn von der einpoligen Umschaltung Gebrauch gemacht wird.
Wie aus Abb. 20b hervorgeht, muß in diesem Falle die Umkehrung des
Regelsinnes dadurch bewirkt werden, daß ein Ende der Primärwicklung
des Zusatztransformators wahlweise an die Eingangsklemme oder den
Sternpunkt des Erregerspartransformators angeschlossen wird, während
das andere Ende mit dem beweglichen Kontakt des Stufenwählers verbunden bleibt. Der Wender arbeitet auch hier stromlos, wenn der bewegliche Kontakt in der Nullstellung den Zusatztransformator kurzschließt. Der strangweise Anschluß des Zusatztransformators an den Erregertransformator ist jedoch aus folgendem Grunde[1]) nicht ohne weiteres gutzuheißen: Wenn die drei Regler des Drehstromsatzes auch mechanisch miteinander gekuppelt sind, so geschieht der Stufenübergang an
den drei Phasen doch nicht genau im gleichen Augenblick. Die Stufenschaltung erfolgt vielmehr in irgendeiner beliebigen Reihenfolge der
Phasen. Die von den Reglern abgegriffenen Strangspannungen unterscheiden sich also vorübergehend um die Spannung einer Stufe, und
zwar nacheinander im positiven und negativen Sinne. Wenn die Primärwicklung des Zusatztransformators in Stern mit freiem Knotenpunkt
geschaltet wäre, wie z. B. in Abb. 20a, so hätte dies nur eine harmlose
Verlagerung des Knotenpunktes um ein Drittel der Stufenspannung zur
Folge, die nicht einmal durch eine tertiäre Dreieckwicklung behindert
werden würde. Die strangweise Erregung des Zusatztransformators nach

---

[1]) R. Küchler, Transformatoren für Spannungsregelung unter Last. ETZ 55
(1934) H. 43, S. 1054, H. 44, S. 1075.

Abb. 20b hat dagegen einen entsprechenden Ausgleichsfluß von Joch zu
Joch zur Folge, der eine Vervielfachung des Magnetisierungsstromes nach
sich zieht, wenn man dem Zusatztransformator keinen vierten Ausgleichschenkel gibt, denn bei beispielsweise 10 Stufen erreicht der Jochfluß
10% des maximalen Flusses eines Schenkels. Ein Ausgleichschenkel
hat aber nur dann einen Sinn, wenn keine tertiäre Dreieckwicklung vorhanden ist. Kann diese mit Rücksicht auf die Gefahr eines Doppelerd-
schlusses nicht entbehrt werden, so muß die einer Stufenspannung entsprechende Unsymmetrie in der Erregung durch das Streufeld zwischen
den Wicklungen des Zusatztransformators aufgenommen werden, so daß
unerträgliche Ausgleichsströme entstehen. Einen Weg, um aus dieser
Schwierigkeit herauszukommen, bietet die zweipolige Umschaltung.

c) Zweipolige Umschaltung.

Diese gewährleistet, wie Abb. 21 erkennen läßt, die Bildung eines
freien Sternpunktes am Zusatztransformator. Je nach der Stellung des
zweipoligen Wenders wird dieser Sternpunkt am Anfang oder Ende
der primären Wicklungsstränge des Zusatztransformators gebildet und das jeweils entgegengesetzte Ende an dem beweglichen Kontakt des Reglers angeschlossen. Die Kontaktbahn des Stufenwählers ist verdoppelt, um eine Umkehrung der Bewegungsrichtung des beweglichen Kontaktes beim Durchlaufen des
gesamten Regelbereiches zu vermeiden.
Die Umlegung des Wenders erfolgt stromlos in der Reglermittelstellung, in welcher
die Primärwicklung des Zusatztransformators kurzgeschlossen ist. Der Wender
muß so ausgebildet sein, daß er hierbei
in die andere Lage gelangen kann, ohne
den Kurzschlußkreis zu unterbrechen.

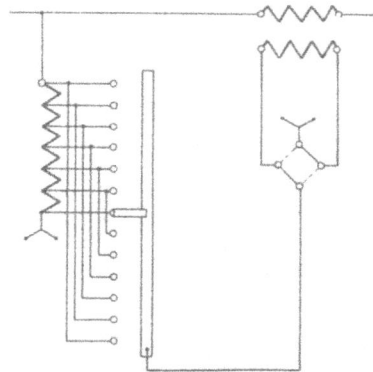

Abb. 21. Zusatztransformatorensatz
mit zweipoliger Umschaltung.

Es ist naheliegend und durchaus zweckmäßig, die Verteuerung, die
die Verdoppelung der Kontaktbahn mit sich bringt, dadurch zu kompensieren, daß man die bereits für den Spartransformator empfohlene
V-Schaltung auf den Erregertransformator anwendet. Man spart damit
die dritte Regeleinrichtung und braucht andererseits die Innenleistung
des Erregertransformators nur um 15% zu vergrößern. Die Bedenken,
die bei V-Spartransformatoren wegen der Sternpunktsverschiebung er-
hoben werden mußten, entfallen natürlich beim Zusatzregelsatz, weil
sich diese hier auf den Erregerkreis beschränkt, also auf das Netz keine
Wirkung ausübt. Für Niederspannungs-Vierleiter-Netze ist ein solcher
Zusatzregelsatz allerdings nur brauchbar, wenn der Zusatztransformator

eine tertiäre Dreieckwicklung erhält, da der Sternpunktsleiter in diesem Falle ohne Anschlußmöglichkeit an den Erregertransformator durchgeschaltet werden muß.

4. Transformatoren zur Wirk- und Blindstromregelung in Ringleitungen.

Während die bisher behandelten Regeltransformatoren ausschließlich zur Änderung der absoluten Größe der Spannung dienen, haben die Wirk- und Blindstromregler die Aufgabe, den Energiefluß in einer Ringleitung zu steuern[1]). Durch die starke Verkupplung unserer Netze entstehen immer mehr Ringleitungen, deren natürliche, d. h. allein durch die Impedanzen der Ringleitungsteile und die Leistungszufuhr und Abgabe an den Anschlußpunkten bedingte Stromverteilung aus verschiedenen Gründen unerwünscht ist. Es können z. B. Überlastungen von Ringteilen entstehen, die aus thermischen Gründen untragbar sind oder zumindest die gesamten Fortleitungsverluste erheblich steigern, da die Unterlastung der übrigen Ringteile keinen ausreichenden Ausgleich bringt. Weiterhin können Stromlieferungsverträge zwischen den durch die Ringleitung im Austausch stehenden Werken eine ganz bestimmte Wirk- und Blindstromverteilung notwendig machen. Wenn von der Ringnetzregelung bisher auch nur in verhältnismäßig wenigen Fällen Gebrauch gemacht worden ist, so steht doch zu erwarten, daß sie in der Zukunft eine wesentlich größere Bedeutung erlangen wird.

Die Steuerung des Energieflusses in einer Ringleitung wird dadurch erzielt, daß man dem Ringe mit Hilfe einer eingeprägten Zusatzspannung einen Kreisstrom überlagert (Abb. 22). Je nachdem die Richtung dieses Kreisstromes mit der des natürlichen Energieflusses in den einzelnen Ringteilen übereinstimmt oder nicht, werden diese eine Belastungszunahme erfahren oder entlastet werden. Um die gewünschte Stromverteilung zu erreichen, muß der Kreisstrom dem jeweiligen Energiebedarf der an den Ring angeschlossenen Verbraucher angepaßt werden, d. h. die den Kreisstrom treibende Zusatzspannung muß nach Größe, Phase und

---

[1]) B. Jansen, Kupplung und Unterteilung großer Netze mit Hilfe von Regeltransformatoren, ETZ 50 (1929) H. 15, S. 521.

G. Boll, Der Quertransformator zur Leistungsregelung in Ringnetzen. BBC-Nachr. 17 (1930) H. 6, S. 304.

E. Groß, Über Ringnetze und Beeinflussung ihrer Stromverteilung, E u. M 49 (1931) H. 26, S. 513.

W. Schmidt, Der Quertransformator als Spannungsregler in Leitungsringen, Siemens-Z. 1932 H. 4, S. 132.

R. Küchler, Transformatoren für Spannungsregelung unter Last, ETZ 55 (1934) H. 43, S. 1054, H. 44, S. 1075.

W. Oburger, Die Regelung der Stromverteilung in Ringnetzen mittels des Quertransformators E u. M 52 (1934) H. 26, S. 297.

W. Schäfer, Beitrag zur Frage der Wirk- und Blindleistungsregelung in Ringnetzen, VDE-Fachberichte 1935, S. 18.

Richtung regelbar sein. Damit ist die Aufgabe für den Regeltransformator, der diese Zusatzspannung zu liefern hat, klar umrissen.

Im allgemeinen wird man den Ringleitungsregler als Spartransformator oder als Zusatztransformatorensatz ausbilden und ist so in der an-

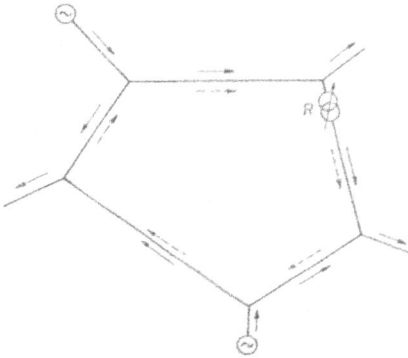

Abb. 22. Ringleitung mit Regeltransformator (R) zur Erzeugung eines Kreisstromes (— ·—➤).

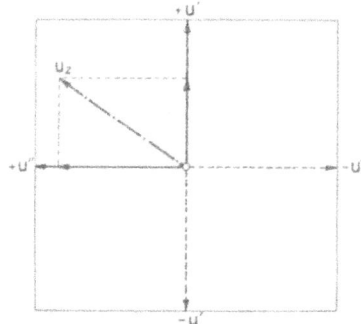

Abb. 23. Resultierende Zusatzspannung u_z eines Regeltransformators mit zwei in Reihe geschalteten, umkehrbaren Regelspulen, deren Spannungsvektoren senkrecht aufeinanderstehen.

genehmen Lage, diesen an der hierfür günstigsten Stelle des Ringes einbauen zu können. Da die Größe dieses Regeltransformators sowohl durch die maximale Zusatzspannung als auch durch den Durchgangsstrom bedingt ist, wird er nach Möglichkeit in denjenigen Ringteil geschaltet, der den geringsten Durchgangsstrom aufweist. Unter Umständen kann die Typengröße des Regeltransformators dadurch relativ niedrig gehalten werden.

Die Forderung nach Einstellbarkeit der Phase bzw. Richtung der Zusatzspannung läßt sich mit einem ruhenden Transformator nur dadurch erfüllen, daß man die Zusatzspannung durch zwei in Reihe geschaltete und kommutierbare Regelspulen erzeugt, deren Spannungsvektoren einen Winkel von 90° einschließen. Werden beide Regelspulen für die höchsten Teilspannungen u' bzw. u'' gewickelt, so lassen sich, wie Abb. 23 zeigt, alle resultierenden Zusatzspannungsvektoren u_z einstellen, die vom Mittelpunkt des Rechteckes mit den Seitenlängen 2 u' und 2 u'' ausgehen und die durch das Rechteck gebildeten Grenzen nicht überschreiten, und zwar in einer Stufung, die der Zahl von Anzapfungen an den Regelspulen entspricht. Um allen vorkommenden Fällen entsprechen zu können, werden die beiden Regelspulen gewöhnlich für die gleiche Gesamtspannung ($u' = u''$) ausgelegt.

Für die Erzeugung zweier um 90° phasenverschobener kommutierbarer und regelbarer Teilspannungen kommen zwei Ausführungen des Regeltransformators mit Sparschaltung in Frage, die in Abb. 24 gegenübergestellt sind. Im ersten Falle (Abb. 24a) werden zwei getrennte Eisenkerne verwendet. Die Erregerwicklung des ersten Kernes ist in

Stern, die des zweiten in Dreieck geschaltet. Dementsprechend fällt der Vektor der Regelspulenspannung des ersten in die Richtung der Sternspannung des Netzes, während der der zweiten senkrecht dazu steht. Aus diesem Grunde bezeichnet man den ersten Transformator als Längs-

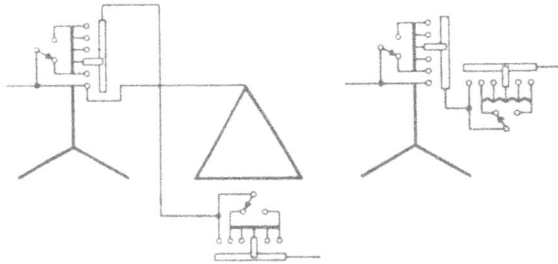

a) Mit zwei Kernen   b) Mit einem Kern

Abb. 24. Längs- und Querregeltransformatoren in Sparschaltung.

regler, den zweiten als Querregler. Die Kommutierung wird in bekannter Weise mit Hilfe von einpoligen Wendern stromlos vorgenommen. Das andere Verfahren, das sich aus Abb. 24 b ergibt, bedient sich nur eines Eisenkernes, der in Sternschaltung erregt wird und mit je einer Längs- und Querregelspule versehen ist. Während die Längsregelspule wegen der Phasenübereinstimmung in bekannter Weise angeordnet ist, wird die Querregelspule Stufe für Stufe aus je zwei kleinen Spulen, die auf den Schenkeln der beiden anderen Phasen liegen, zickzackartig zusammengeschaltet. Die zahlreichen Schaltverbindungen am Transformator, die die Querregelspule bedingt, bereiten insbesondere bei hohen Netzspannungen so erhebliche Schwierigkeiten, daß sie den wirtschaftlichen Vorteil, den die Einkerntype bietet, vielfach wieder aufhebt.

Aus den bereits im Abschnitt »Zusatztransformatorensätze« aufgezählten Gründen ist auch bei der Ringnetzsteuerung die indirekte Regelung bisweilen der voraufgehend beschriebenen direkten Regelung vorzuziehen. Für die indirekte Regelung der Ringleitung lassen sich mehrere Varianten ergeben. Die zweckmäßigste dürfte die in Abb. 25 dargestellte Schaltung sein. Sie enthält zwei Zusatztransformatoren, von denen der erste in Stern, der zweite in Dreieck erregt wird, und einen Erregertransformator mit zwei getrennten Kontaktbahnen zur unabhängigen Regelung der beiden Zusatztransformatoren. Der Erregertransformator ist in Sparschaltung gezeigt, wie er für Ringleitungen niederer Spannung, aber hoher Durchgangsstromstärke Verwendung findet. Bei hohen Netzspannungen wird er natürlich mit getrennten Wicklungen ausgeführt, weil er in diesem Falle ja die Aufgabe hat, den Regler vom Hochspannungsnetz zu trennen. Die Kommutierung erfolgt bei beiden Zusatztransformatoren mit zweipoligen Wendern, weil die Dreieckschaltung der Primärwicklung des einen eine andere Umschaltung nicht zuläßt bzw. die freie Nullpunktsbildung beim anderen aus schon früher genannten Gründen gewährleistet werden muß.

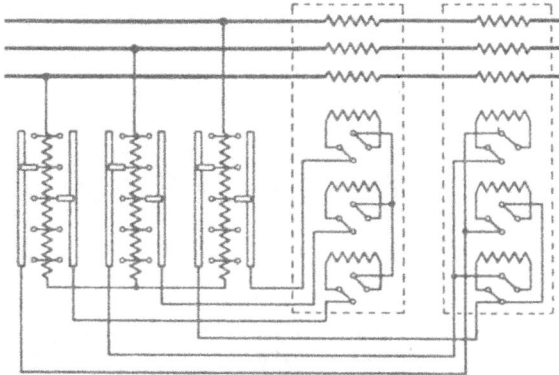

Abb. 25. Zusatztransformatorensatz für Längs- und Querregelung.

Mit Hilfe der beiden umkehrbaren Längs- und Querspannungskomponenten lassen sich also resultierende Zusatzspannungen jeder beliebigen Phasenlage einstellen. Da der von der resultierenden Zusatzspannung u_z getriebene Ausgleichsstrom J_a diesem um den Ringimpedanzwinkel ψ nacheilt und andererseits nur die mit der Sternspannung des Ringes phasengleiche Komponente den Wirkstrom, die hierzu senkrecht stehende Komponente den Blindstrom steuert, so ergibt eine Änderung der Längs- oder Querkomponente der Zusatzspannung u_z jeweils sowohl eine Verschiebung von Wirk- als auch von Blindstrom. Eine Ausnahme bilden die Grenzfälle, in denen der Ringimpedanzwinkel entweder 0^0 oder 90^0 beträgt. Mit $\psi = 0^0$ verschiebt der Längsregler allein den Wirkstrom, der Querregler ausschließlich den Blindstrom. Bei $\psi = 90^0$ liegen die Verhältnisse ebenso übersichtlich, nur mit dem Unterschied, daß der Längsregler den Blindstrom und der Querregler den Wirkstrom im Ringe steuert. Es ist klar, daß die Bedienung des Regeltransformators dabei erheblich einfacher ist als in den häufigeren Fällen, in denen der Ringimpedanzwinkel zwischen 0^0 und 90^0 liegt. Das Vektorbild nach Abb. 26 zeigt die Aufteilung der Wirk- und Blindstromkomponenten

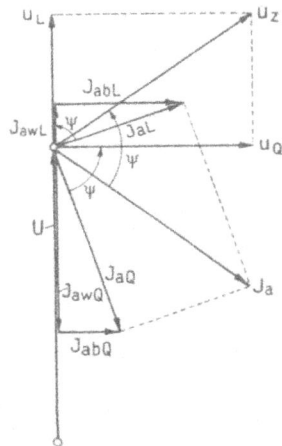

Abb. 26. Vektorbild des Längs- und Querregeltransformators.

auf den Längs- und Querregler bei einem Ringimpedanzwinkel von beispielsweise $\psi = 60^0$. Die durch die Längs- und Querspannungskomponenten
u_L und u_Q erzeugten Komponenten J_{aL} und J_{aQ} des Ausgleichstromes
J_a bestehen aus je einem Wirk- und Blindstromanteil J_{awL}, J_{abL} und
J_{awQ}, J_{abQ}. Wie aus dem Diagramm leicht abzulesen ist, ist das Verhältnis von Wirk- zu Blindstromanteil beim Längsregler gleich dem ctg ψ,
beim Querregler gleich dem tg ψ. Und da die Komponenten des Aus-
gleichsstromes den Längs- und Querspannungen proportional sind, bringt
auch die Weiterreglung des einen oder anderen Reglers um eine Stufe
jeweils eine Änderung der von ihm getriebenen beiden Wirk- und Blind-
stromanteile im gleichen Verhältnis. Durch geeignete Meßschaltungen[1])
ist es zwar gelungen, die erforderlichen Einstellungen beider Regler im
voraus zu ermitteln und damit die Bedienungsschwierigkeiten zu beseitigen. In den meisten Fällen wird jedoch ein anderer Weg eingeschlagen.
Man kann nämlich ohne Schwierigkeiten den Längs- und Querspannungs-
vektor um den Ringimpedanzwinkel oder einem diesen nahekommenden
Winkel im voreilenden Sinne verdrehen. Der Verdrehungswinkel ist
meistens so groß, daß man nicht mehr von Längs- und Querregler spre-

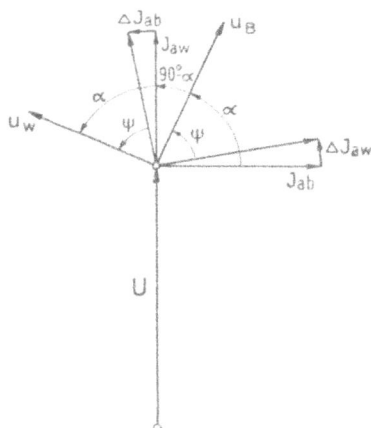

Abb. 27. Vektorbild des Wirk- und
Blindstromreglers mit einem Phasen-
verdrehungswinkel α.
$\triangle J_{aw}$, $\triangle J_{ab}$ Wirk- und Blindstromrückwirkung des Blind- bzw. Wirkstrom-
reglers.

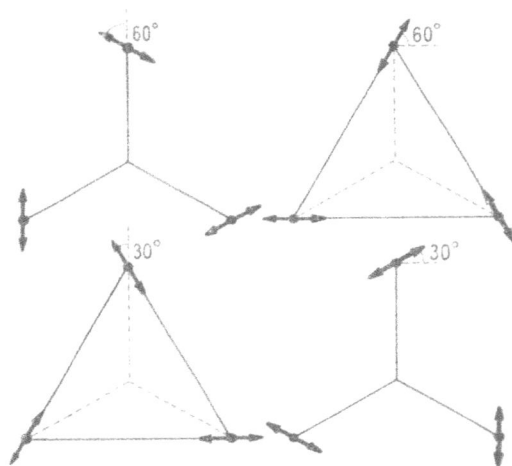

Abb. 28. Verdrehung der Längs- und Querregelspannungen um $\alpha = 60^0$ bzw. 30^0.

chen kann, sondern den ersteren besser als Wirkstromregler (mit der Zusatzspannung u_W) den letzteren als Blindstromregler (mit der Zusatzspannung u_B) bezeichnet. Diese eindeutige Benennung ist, wie Abb. 27 er-

---

[1]) E. Schulze, Verfahren zum Einstellen von Regeltransformatoren in mehrfach gekuppelten Netzen, Elektr. Wirtsch. 36 (1937) H. 19, S. 446 (VDE-Fachberichte 1935 S. 20).

kennen läßt, auch berechtigt, selbst dann, wenn der Verdrehungswinkel α vom Ringimpedanzwinkel ψ um einige Grade abweicht. Denn die relative Blindstromrückwirkung des Wirkstromreglers entspricht ebenso wie die relative Wirkstromrückwirkung des Blindstromreglers dem sin $(\psi—\alpha)$. Die Fehlregelung beträgt also beispielsweise bei einer Winkelabweichung $\psi — \alpha = \pm 5^0$ nur $\pm 8{,}7\%$ (sin $\pm 5^0 = \pm 0{,}087$), die durch eine gelegentliche kleine Korrektur am anderen Regler leicht auszugleichen ist.

Phasenverdrehungen der Längs- und Querregelspannungen um 60^0 und 30^0 lassen sich, wie aus Abb. 28 hervorgeht, durch zyklische Vertauschung der Anschlüsse der Regelspulen erzielen, wobei im zweiten Falle auch die Regler selbst zu vertauschen sind.

Phasenverdrehungen beliebiger Größe unter 60^0 können durch unsymmetrische Zickzackschaltungen der Erregerwicklungen verwirklicht werden. Abb. 29 zeigt die Vektorbilder solcher Regeltransformatoren. Die relative Phasenverschiebung der Regelspulenspannungen um 90^0 wird auch hier dadurch erzielt, daß die Zickzack-Erregerwicklungen des

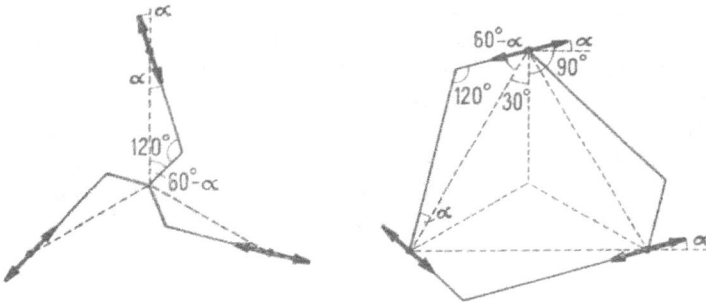

Abb. 29. Verdrehung der Längs- und Querregelspannungen um einen Winkel $\alpha < 60^0$.

einen Transformators in Stern, die des anderen in Dreieck zusammengeschlossen werden. Die auf die Zickzackwicklungsteile entfallenden Teilspannungen lassen sich in Abhängigkeit vom Verdrehungswinkel α nach dem Sinussatz berechnen. Bezeichnen wir die Teilspannungen mit U' und U'', die durch die Zickzackschaltung der entsprechenden Wicklungsteile sich ergebende resultierende Spannung mit U, so gilt die Bezeichnung

$$U' : U'' : U = \sin \alpha : \sin (60—\alpha) : \frac{1}{2} \sqrt{3} \quad \ldots \ldots (16)$$

Die Bezugsspannung U ist bei dem in Stern/Zickzack-Schaltung erregten Regler die Sternspannung, bei dem in Dreieck-Zickzack geschalteten die Dreiecksspannung.

Wie gezeigt, läßt sich durch zyklische Phasenvertauschung eine Vektordrehung um 60^0 oder 30^0, durch unsymmetrische Zickzackschaltung jede beliebige Vektordrehung bis 60^0 vornehmen. Nach dem einen oder anderen Verfahren oder durch Kombination beider Verfahren ist also jeder beliebige Verdrehungswinkel α zwischen 0 und 90° praktisch ausführbar, so daß eine unabhängige Wirk- und Blindstromregelung auch wirklich erreicht werden kann.

In manchen Fällen wird es mit Rücksicht auf die Überwachung und Wartung notwendig sein, den Wirk- und Blindstromregelsatz bei einem der an dem Ringe liegenden Stromabnehmer aufzustellen. Das hätte für den betreffenden Abnehmer aber den Nachteil, daß die absolute Höhe der ihm zugeführten Spannung durch die Wirk- und Blindstromregelung stark in Mitleidenschaft gezogen werden würde. Um diesen Übelstand zu vermeiden, kann man die Komponenten der Zusatzspannung, die den Kreisstrom treibt, halbieren und je eine Hälfte unmittelbar vor und hinter dem Ringabzweig einfügen, so daß sich für den Abnehmer die Wirkung der Zusatzspannung auf die Spannungshaltung aufhebt. Praktisch läuft dieses Verfahren auf die Zerlegung des Regelsatzes in zwei Hälften hinaus, deren Regeleinrichtungen, wenn es sich um direkte Regelung durch Spartransformatoren handelt, mechanisch miteinander zu kuppeln sind (Abb. 30). Die Längs- und Querwicklungen beider Regler können jedoch auf je einem Kern untergebracht werden und eine gemeinschaftliche Erregung erhalten. Außer einer Vermehrung der Klemmenzahl ergibt sich also eine Verdoppelung der Regeleinrichtungen. Bei indirekter Wirk- und Blindstromregelung liegen die Verhältnisse günstiger. Hier genügt eine Halbierung der Durchgangsspulen beider Zusatztransformatoren; der gemeinsame Erregertransformator mit den Längs- und Querregeleinrichtungen bleibt sodann unverändert.

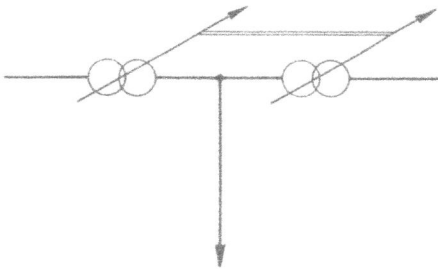

Abb. 30. Ringabzweig mit doppeltem Wirk- und Blindstromregler.

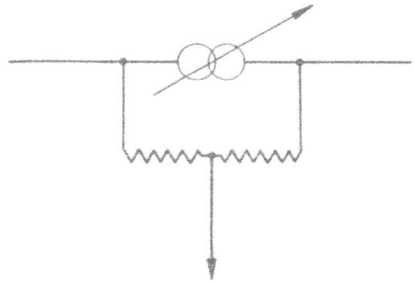

Abb. 31. Überbrückung des Wirk- und Blindstromregiers durch Spannungsteiler zum Anschluß eines Abnehmers.

Zur Vermeidung der doppelten Zahl von Regeleinrichtungen, die die direkte Regelung erfordert, empfiehlt sich, die Halbierung der Zusatzspannung durch drei isoliert aufgestellte Spannungsteiler nach Abb. 31, an deren Mittelpunkte der Abnehmer anzuschließen ist. Die Typenleistung jeder der drei Spannungsteiler errechnet sich aus der maximalen resultierenden Zusatzstrangspannung $u_{z\,\mathrm{max}}$ des Wirk- und Blindstrom-

reglers und der dem Abnehmer mit der Netzspannung U_1 zufließenden
Durchgangsleistung N_D zu

$$N_i = \frac{N_D}{12} \cdot \frac{\sqrt{3}\,u_{z\max}}{U_1} \quad . \quad . \quad . \quad . \quad . \quad . \quad . \quad (17)$$

und macht also nur einen geringen Bruchteil der Typenleistung der Wirk-
und Blindstromregeltransformatoren aus.

III. Die gebräuchlichen Verfahren der Stufenschaltung.

Bei der Regelung der Spannung unter Last ist die Aufgabe zu lösen,
ohne Unterbrechung des Stromes eine Reihe von Anzapfungen der Transformatorenwicklung nacheinander mit ein und derselben Ableitung zu
verbinden. Die Aufgabe des eigentlichen Lastschaltvorganges kann beschränkt werden auf die Umschaltung unter Last zwischen zwei benachbarten Anzapfungen, wobei der Vorgang sich bei jedem weiteren Schaltschritt wiederholt, sobald mehr als zwei Anzapfungen in Betracht
kommen.

Bei der Lastumschaltung zwischen zwei Anzapfungen müssen beide
vorübergehend gleichzeitig an die Ableitung angeschlossen werden, was
ohne Zwischenschaltung von Widerständen einen Kurzschluß der zwischen ihnen liegenden Wicklung zur Folge haben würde. Es sind also
Überschaltwiderstände erforderlich, welche induktiv oder induktionsfrei
sein können. Für beide Arten der Regelung sind verschiedene Verfahren
im Gebrauch. Die Unterschiede sind so einschneidend, daß sie getrennt
behandelt werden müssen.

1. Stufenschaltung mit induktiven Widerständen.

Die gebräuchlichsten Schaltverfahren mit induktiven Widerständen
sind in den Abb. 32, 34, 35 und 36 dargestellt. Bei allen diesen Verfahren
wird der induktive Widerstand, auch Überschaltdrossel genannt, in der
Eigenschaft als Spannungsteiler verwendet, während zwei benachbarte
Anzapfungen gleichzeitig mit dem Netz oder der abgehenden Leitung
in Verbindung gebracht werden. Der Spannungsteiler hat einen Eisenkern mit oder ohne Luftspalt und eine in zwei gleiche Teile geteilte Wicklung. Die abgehende Leitung wird da angeschlossen, wo die beiden Teile
zusammenstoßen, und die Verbindungsleitungen mit den Anzapfungen
werden an die beiden äußeren Enden der Wicklungsteile angeschlossen.
Während eines Schaltvorganges kommen folgende Schaltungen vor:

A) In den Haupt- oder Grundstellungen sind die äußeren Enden mit
ein und derselben Anzapfung verbunden. Bei gleicher Windungszahl der

beiden Wicklungsteile heben sich die Amperewindungen der beiden
Hälften auf, und der Eisenkern wird daher nicht erregt, so daß lediglich
ein Ohmscher Spannungsabfall im Betrage von $J.R./2$ V eintritt, erzeugt
durch den halben Netzstrom in jeder Wicklungshälfte (vgl. die Hauptstellungen I und II der Abb. 32). Die Schaltung der Abb. 36 weicht

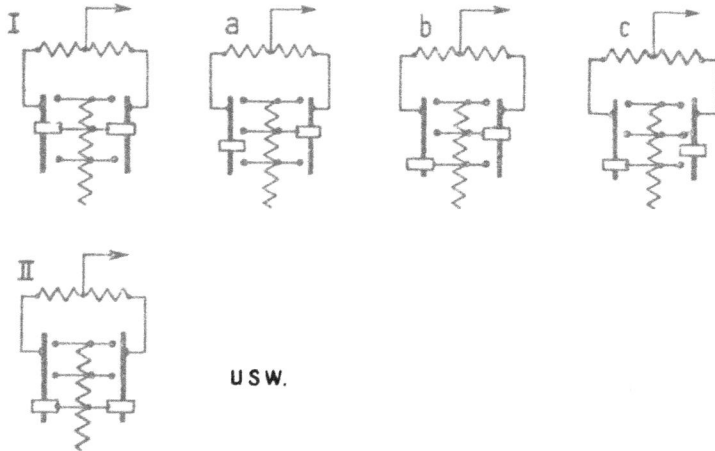

Abb. 32. Schaltvorgang des Lastwählers mit Spannungsteilerschaltung.

insofern hiervon ab, als hier in den Grundstellungen I und II die Wicklungshälften nicht vom Strom durchflossen werden und daher auch keinen
Spannungsabfall erzeugen.

B) Die bereits erwähnte eigentliche Spannungsteilerschaltung in
denjenigen Zwischenstellungen, bei denen zwei benachbarte Anzapfungen
gleichzeitig angeschlossen sind, bewirkt, daß der Strom und die Spannung je nach der Ausbildung des Spannungsteilers mehr oder weniger
genau in zwei Teile geteilt werden. Die Spannung der abgehenden Leitung liegt daher zwischen den Spannungen der beiden Anzapfungen.

C) Die dritte Schaltung entsteht bei der Überschaltung von einer
Hauptstellung nach einer Zwischenstellung mit Spannungsteilerschaltung, zu welchem Zweck das eine Ende und damit die eine Wicklungshälfte des Spannungsteilers vorübergehend abgeschaltet wird. Der bei
dieser Schaltung einseitig vom Strom durchflossene Spannungsteiler
wirkt als Drosselspule und erzeugt einen Spannungsabfall, der sich aus
dem vollen Laststrom und der Impedanz der Drosselspule errechnet.

Während die Schaltung B auch als Dauerstellung Verwendung finden kann, was jedoch in den meisten Fällen nicht geschieht, dient die
Stellung C nur als Übergangsstellung, über die man beim Schalten möglichst schnell hinwegzukommen sucht. Der Spannungsabfall hierbei
wird um so größer sein, je kleiner der Luftspalt und je größer das Ver-

hältnis Sättigung/Amperewindungen ist. Hieraus ergeben sich die folgenden charakteristischen Eigenschaften der Überschaltdrossel:

Wird die Forderung erfüllt, daß die Überschaltdrossel bei der einseitigen Einschaltung einen geringen Spannungsabfall hat, wird also ein großer Luftspalt oder hohe Sättigung und damit ein kleiner induktiver Widerstand gewählt, so ist sie bei Schaltung als Spannungsteiler nicht imstande, die Spannung zwischen den Anzapfungen gleichmäßig zu teilen, sondern ihre Eigenschaften liegen dann zwischen denen eines reinen Spannungsteilers und denen eines induktiven Widerstandes.

Wird die Drossel dagegen als Spartransformator mit hoher Selbstinduktion ausgeführt, so teilt sie die Spannung einwandfrei, hat aber bei der Schaltung als Drossel einen großen Spannungsabfall.

Über diese Schwierigkeit hilft man sich gewöhnlich dadurch hinweg, daß man die mit einem großen Luftspalt versehene Drossel in der Dauerstellung kurzschließt und das Anschließen der beiden Enden an verschiedene Anzapfungen nur während der Überschaltung vorübergehend vornimmt. Hierdurch erhält man einen verhältnismäßig kleinen Spannungsabfall bei Schaltung als Drossel, und die nur vorübergehende ungleiche Spannungsteilung wirkt sich auf das Netz nicht dauernd aus.

Die während des Durchlaufens einer Schaltfolge sich bei der Netzspannung vollziehenden Veränderungen stellt Abb. 33 dar. Die Bezeichnungen sind nach dem Verfahren der Abb. 32 gewählt. Das Diagramm gilt jedoch auch für die übrigen Verfahren mit Schaltdrossel, die in den Abb. 34, 35 und 36 dargestellt sind. Für 34 und 35 gelten die Werte U_I und U_{II} als Netzspannungen in den Dauerstellungen, während für 36 für diese Spannungen die Werte UA_I und UA_{II} gelten. Die Werte U_I und U_{II} gelten mit Berücksichtigung des in Phase mit dem Strom liegenden Ohmschen Spannungsabfalles, U_a, U_b und U_c entsprechen den Zwischenstellungen a, b und c der Abb. 32. Wird der Spannungsteiler in jeder Hälfte vom halben Laststrom durchflossen, so ist der Ohmsche Spannungsabfall halb so groß als bei der Schaltung als Drossel, bei der der ganze Strom über die eine Wicklungshälfte fließt. UA_I und UA_{II} sind die Spannungen derjenigen Anzapfungen, zwischen denen die Lastschaltung vor sich geht.

Eine Lastschaltvorrichtung nach Abb. 32 besteht aus zwei Kontaktbahnen, deren beide Ableitungen mit den beiden Enden der Überschaltdrossel verbunden sind. In den Dauerstellungen I und II ist die Drossel kurzgeschlossen, da beide Enden an der gleichen Anzapfung liegen. In den Stel-

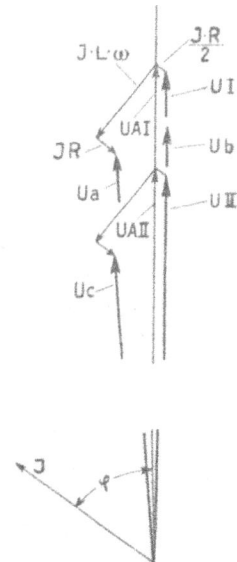

Abb. 33. Diagramm bei Spannungsteilerschaltung.

lungen *a* und *c* wirkt sie als Drossel, in Stellung *b* in ihrer Eigenschaft als Spannungsteiler zwischen den beiden angeschlossenen Anzapfungen. Die beiden Kontaktbahnen bestehen aus einer Reihe von feststehenden Kontakten, die in der Reihenfolge der ansteigenden Spannung an die Anzapfungen angeschlossen sind. Der bewegliche Kontakt geht von der einen zur anderen Anzapfung über, indem er seinen Strom unterbricht und wieder schließt. Selbstverständlich muß bei der Unterbrechung erst ein so großer Kontaktabstand vorhanden sein, daß der Lichtbogen abreißt, ehe die neue Anzapfung angeschlossen werden kann,

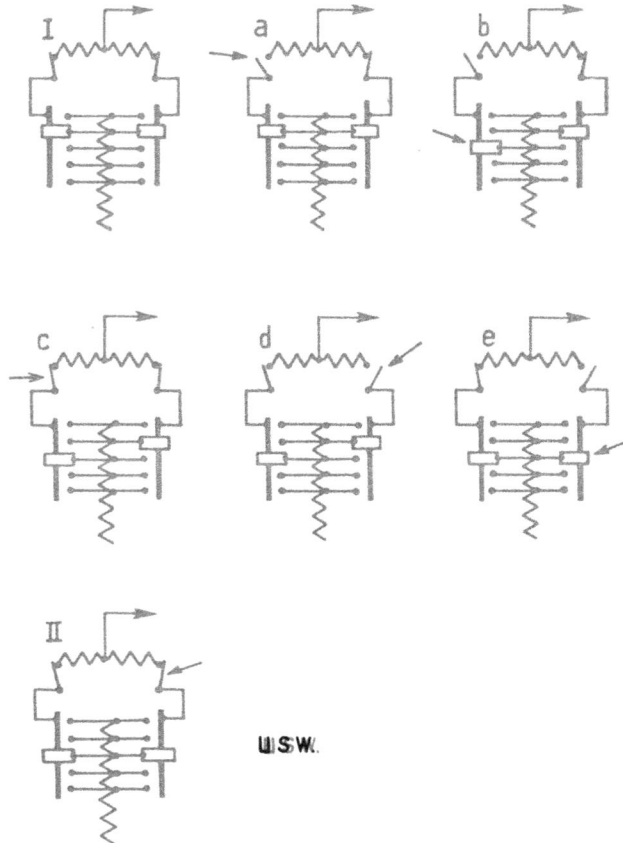

Abb. 34. Schaltvorgang des GE-Regelschaltwerkes mit Spannungsteilerschaltung.

weil andernfalls ein Kurzschluß zwischen den beiden Anzapfungen erfolgen würde.

Abb. 34 zeigt die grundsätzlich gleiche Schaltung wie Abb. 32, jedoch ist hier die Schalteinrichtung in Wähler und Lastschalter unterteilt, so daß der Abbrand der Kontakte nur auf den Lastschalter beschränkt wird, während die Kontakte des Wählers stromlos schalten. Hier unterbricht der Lastschalter erst den über die umzuschaltende Wählerhälfte gehenden Strom, ehe diese auf die nächste Anzapfung umgeschaltet wird. Hierauf wird der Laststrom durch Schließen des Lastschalterkontaktes wieder über den umgeschalteten Wählerkontakt geleitet. Dieser Vorgang wiederholt sich bei der Lastschaltung je einmal für jede Wählerhälfte. *I* und *II* sind die Hauptstellungen, *c* ist die mittlere Zwischenstellung mit Teilung der Spannung, während in den Zwischenstellungen *a*, *b*, *d* und *e* einer der beiden Lastschalter geöffnet

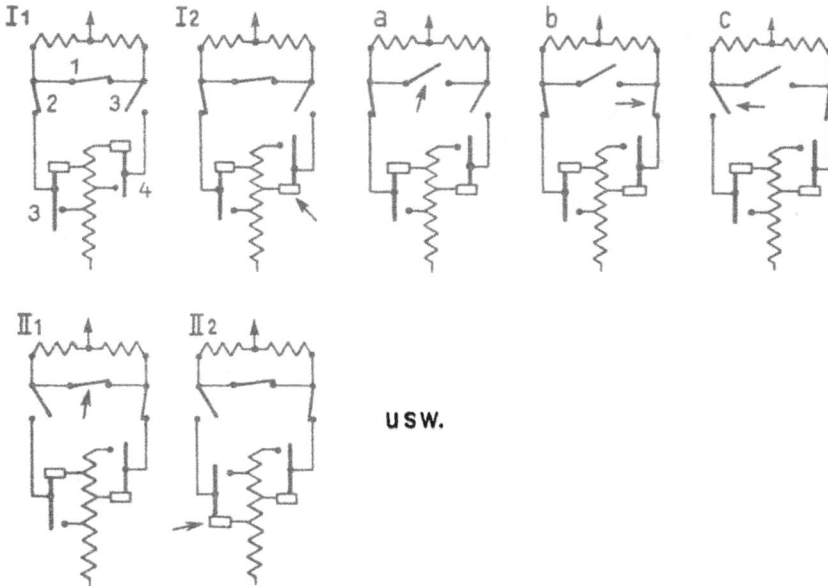

Abb. 35. Schaltvorgang des Westinghouse-Schaltwerkes mit Spannungsteilerschaltung.

ist, damit der dem jeweils geöffneten Lastschalter zugeordnete Wählerkontakt ohne Last umgeschaltet werden kann. Die Schaltverfahren der Abb. 32[1]) und 34[2]) werden beispielsweise von der General Electric angewendet.

Abb. 35 zeigt das Schaltverfahren der Westinghouse Co[3]). Hier wird der Spannungsteiler in den Dauerstellungen durch einen Lastschalter *1*

---

[1]) Darling & Palme, Power 74 (1931) S. 894.

[2]) Bates, AIEE Journal 44 (1925) S. 1238, Blume AIEE Journal 44 (1925) S. 752, Palme, AIEE Journal 46 (1927) S. 1202, Blume, General Electr. Rev. 31 (1928) S. 119, Palme, Power 68 (1928) S. 519, Palme, E & M 47 (1929) S. 65, Goodmann, GEC Journal Nov. 1931 S. 122, Palme, Schweizer Bulletin 31 S. 320, Diggle, Metropol. Vickers Gaz. 15 (1935) S. 124.

[3]) Hill, Electr. Journal 23 (1926) S. 261, Farley, Elektr. Journal 24 (1927) S. 438, Hill, AIEE Journ. 46 (1927) S. 1214, West, AIEE Journ. 49 (1930) S. 42.

kurzgeschlossen, während zwei weitere Lastschalter *2* und *3* dazu dienen, den Anschluß des Spannungsteilers an die gewünschte Anzapfung vorzunehmen. In den Dauerstellungen ist immer nur eine der Wählerhälften *3* und *4* eingeschaltet. Die andere kann daher verstellt werden, ehe die eigentliche Lastschaltung beginnt. Zum Schalten einer Stufe wird nach Verstellung des Wählers (Stellung I_2) durch Öffnen des Lastschalters *1* (Stellung *a*) die Überschaltdrossel einseitig eingeschaltet. Durch Schließen des Lastschalters *3* (Stellung *b*) wird alsdann die Schaltung für Teilung der Spannung zwischen den beiden angeschlossenen Anzapfungen hergestellt. Durch Öffnen von Lastschalter *2* (Stellung *c*) entsteht die zweite Drosselschaltung und nun kann der Spannungsteiler durch den Lastschalter *1* wieder kurzgeschlossen werden; die neue Dauerstellung II_1 ist erreicht.

Bei dieser Schaltfolge hat der Spannungsverlauf den gleichen Charakter wie bei den vorher beschriebenen Verfahren, jedoch bestehen folgende Unterschiede:

Die Lastschalter *2* und *3* sowie die beiden Wählerhälften sind für den vollen Laststrom zu bemessen, da in den Dauerstellungen nur immer je einer dieser Kontakte eingeschaltet ist. Außerdem werden die Lastschaltungen hintereinander vorgenommen, ohne daß zwischendurch eine Verstellung des Wählers eintritt. Dieser Umstand ist von Bedeutung, wenn die Frage aufgeworfen wird, den Lastschaltvorgang unter besonderer Beschleunigung oder der Einwirkung einer Schnellschaltevorrichtung vorzunehmen. In konstruktiver Hinsicht unterscheidet sich die Schaltfolge der Abb. 35 gegenüber der nach Abb. 34 durch einen Wähler mit einer kleineren Kontaktzahl. Dafür sind die Kontakte des Wählers und der Lastschalter *2* und *3* für den doppelten Strom zu bemessen, und der Lastschalter *1* kommt neu hinzu.

Ein von den Schaltverfahren der beiden amerikanischen Firmen wesentlich abweichendes und weiter ausgebautes Schaltverfahren ist der in Abb. 36 dargestellte Schaltvorgang des Verfahrens der Siemens-Schuckert-Werke[1]. Die Lastschaltung wird nicht, wie bei den vorher geschilderten Verfahren, durch mehrere Einzel-Lastschalter vorgenommen, sondern ein sich gleichmäßig fortbewegendes Schaltsegment läuft unter Drehung um seine Achse an vier im Kreise um je 90° versetzten feststehenden Kontakten vorbei und ist so lang, daß zwei Kontakte gleichzeitig berührt werden. Der Schaltvorgang unterscheidet sich hauptsächlich dadurch, daß in den Dauerstellungen die zwei als Spannungsteiler wirkenden Drosselspulen stromlos sind, während infolge ihrer magnetischen Verkettung in der Zwischenstellung *4*, der Mittelstellung, die übliche Teilung der Spannung vorgenommen wird, die zwischen den beiden vorübergehend angeschlossenen Anzapfungen herrscht.

[1] Schwaiger, VDE-Fachberichte 1935 S. 15, Schwaiger, ETZ 59 (1938) S. 281, Wernicke, VDI-Zeitschrift 80 (1936) S. 1055.

In den Dauerstellungen sind die beiden von den Wählerkontakten kommenden Leitungen gleichzeitig unmittelbar an die abgehende
Leitung angeschlossen, und der Ohmsche Spannungsabfall der Wicklung
der beiden Drosseln kommt daher nicht zur Auswirkung. Während der

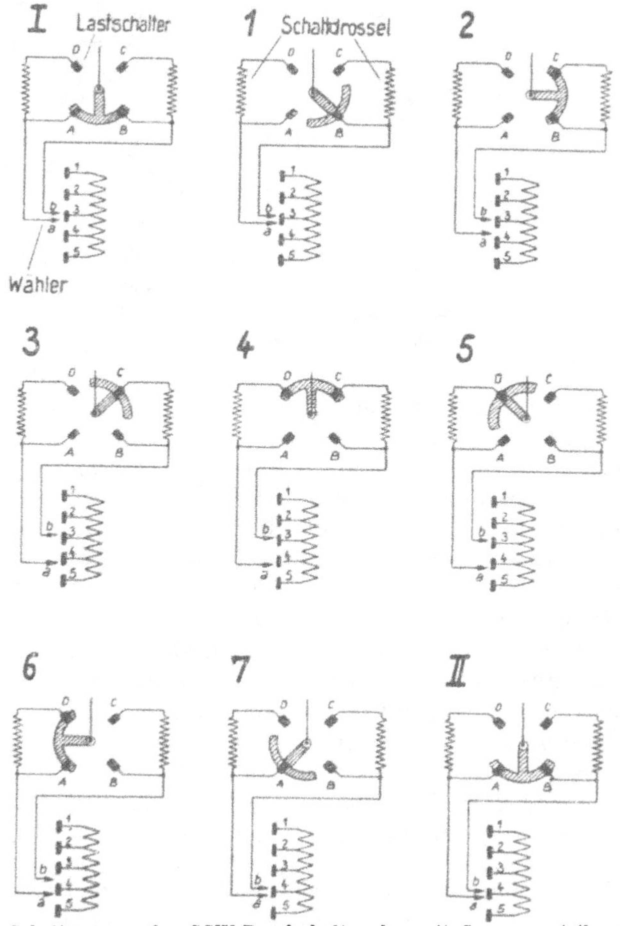

Abb. 36. Schaltvorgang des SSW-Regelschaltwerkes mit Spannungsteilerschaltung.

Bewegung des Laufschalters werden die Wählerkontakte verstellt, und
zwar zwischen den Zwischenstellungen *1* und *3* sowie zwischen *5* und *7*.
Die Zwischenstellungen *3* bis *5* entsprechen denjenigen der vorher beschriebenen Schaltverfahren. Die beiden Schaltdrosseln sind so ausgelegt, daß sie in den Zwischenstellungen *3* und *5* den Spannungsabfall einer
halben Stufe erzeugen, welcher sich gemäß der Abb. 37 je nach der Phasenverschiebung zwischen Strom und Spannung durch Aufdrücken einer

Spannungskomponente auswirkt, die einen der Phasenverschiebung entsprechenden Winkel gegen die Netzspannung bildet.

Unvermeidlich bei allen Lastschaltvorgängen ist der Abbrand der den Lichtbogen unterbrechenden Kontakte. Unter der Annahme, daß die Größe der Stufe und die elektrischen Eigenschaften des Spannungsteilers gleich sind, treten in bezug auf den Abbrand bei den geschilderten Schaltverfahren die gleichen Verhältnisse auf. Ein Lichtbogen und damit ein Abbrand tritt stets auf, sobald der Spannungsteiler als Drossel eingeschaltet wird. Abb. 33 und 37 zeigen den Grund hierfür. Es wird jedesmal eine induktive Spannungskomponente eingeschaltet, die um 90° gegen den Strom verschoben ist. Das Einfügen dieser Komponente in die Netzspannung bedeutet aber, daß die Netzspannung im allgemeinen in ihrer Größe und Richtung verändert wird. Für die hierbei zu leistende Lastschaltung ist jedoch nur die Größe und Richtung der Komponente maßgebend. Da dieselbe um 90° gegen den Strom verschoben ist, so handelt es sich hier um eine verhältnismäßig schwer zu bewältigende Schaltung, deren Lichtbogen meist mehrere Nulldurchgänge hat, ehe er abreißt. Wenn die Öffnungsgeschwindigkeit der Kontakte nicht beträchtlich ist, so werden dieselben an den Lichtbogenfußpunkten einen im Verhältnis zur Lichtbogendauer stehenden starken Abbrand haben. Dieser Umstand hat dazu geführt, daß man in neuerer Zeit teilweise dazu übergegangen ist, das Öffnen der Kontakte unter Einwirkung einer Schnellschaltevorrichtung vorzunehmen. Näheres hierüber ist im Abschnitt VI unter »Schnellschaltevorrichtungen« zu finden.

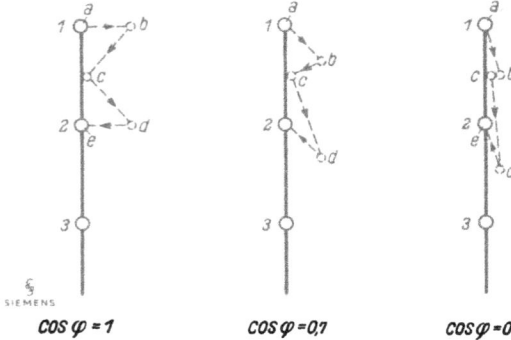

Abb. 37. Diagramm bei Spannungsteilerschaltung bei verschiedenen cos φ.

2. Stufenschaltung mit induktionsfreien Widerständen.

Im Gegensatz zu einer Lastschaltung mit Überschaltdrossel bei einer Phasenverschiebung von angenähert 90° zwischen dem zu unterbrechendem Strom und der Wiederkehrspannung steht die Schaltung mit induktionsfreien Widerständen, deren Lichtbogen bei der Lastschaltung auch von größeren Spannungen und Leistungen im allgemeinen nach einem Nulldurchgang erlischt, falls die Schaltgeschwindigkeit richtig gewählt wurde, da hierbei Strom und wiederkehrende Spannung stets in Phase sind. Dieser Umstand hat zur Einführung von Verfahren mit induktionsfreien Überschaltwiderständen geführt, die außerdem den Vorzug besitzen, daß sie ohne Schwierigkeit mit einer Schnellschaltvorrichtung ausgerüstet werden können, die sich über den ganzen Lastschaltvorgang erstreckt.

Die induktionsfreien Widerstände, in diesem Abschnitt in Zukunft kurz »Widerstände« genannt, werden beim Umschalten von einer Anzapfung zur anderen unter Last zwischen diese geschaltet, damit die gleichzeitig angeschlossenen Anzapfungen keinen unmittelbaren Kurzschluß der zwischen ihnen liegenden Windungen des Transformators hervorrufen. Durch die zwischengeschalteten Widerstände wird der Kurzschlußstrom auf ein für die Wicklung und die Kontakteinrichtung unschädliches Maß begrenzt. Da die Schaltkontakte für den Netzstrom bemessen werden müssen, so wird man zweckmäßigerweise den Ohmwert der Widerstände so wählen, daß der unvermeidliche Ausgleichstrom etwa die Größenordnung 50 bis 100% des Netzstromes hat.

Der Schaltvorgang läßt sich mit dem eines Zellenschalters vergleichen. Während der letztere aber Gleichstrom schaltet und für die geringe Spannung einer Batteriezelle bemessen ist, muß man bei dem hier zu betrachtenden Schaltvorgang ausschließlich mit Wechselstrom und mit Stufenspannungen bis weit über 1000 V rechnen.

Die nachfolgenden Betrachtungen gelten für die verschiedenen Arten der Lastschaltung von einer Anzapfung zur anderen, also für die Schaltung einer Stufe. Das Wort »Stufe« bezeichnet den Spannungsunterschied zwischen zwei benachbarten Anzapfungen. Eine Regeleinrichtung, welche 4 Stufen schaltet, hat daher 5 verschiedene Spannungen, eine solche mit 12 Stufen 13 Spannungen usw.

a) Lastschaltung mit einseitig angeordneten Überschaltwiderständen (Abb. 38).[1])

Der Widerstand ist zwischen zwei Kontakte geschaltet. Einer davon, der Hauptkontakt *1*, dient zur unmittelbaren Weiterleitung des Stromes, der andere, der Widerstandskontakt *2*, ist über den Widerstand mit dem Hauptkontakt verbunden. Bei einer Lastschaltung sind folgende Schaltzustände zu unterscheiden:

Hauptstellung *I*. Der Hauptkontakt ist unmittelbar an eine Anzapfung angeschlossen, der Widerstand ist stromlos.

Zwischenstellung *a*. Haupt- und Widerstandskontakt sind an verschiedene Anzapfungen angeschlossen, der Netzstrom verläuft über den Hauptkontakt, und der durch den Widerstand begrenzte Ausgleichstrom I_k geht über den Widerstand und liegt in Phase mit der Spannung der Schaltspule.

Zwischenstellung *b*. Der Widerstandskontakt ist allein angeschlossen, der Netzstrom verläuft über den Widerstand, und der Spannungsabfall über den Widerstand liegt in Phase mit dem Netzstrom.

[1]) Bölte, AEG Mitt. 1934 S. 83.

Hauptstellung *II*. Der Hauptkontakt ist unmittelbar an die neue Anzapfung angeschlossen.

Die Stufenschaltung wird je nach dem Regelsinn in der Richtung von *I* nach *II* oder umgekehrt durchlaufen. Ein Abbrand der Kontakte findet statt, wenn ein Widerstand vorgeschaltet wird (Schaltung von *II* nach *b*) oder wenn ein Kontakt abläuft (Schaltung von *a* nach *I* oder von *a* nach *b*).

Die Zwischenstellung *b* ist maßgebend für die richtige Anordnung des Widerstandes. Es muß angestrebt werden, daß die Spannungskurve beim Überschalten von der alten Anzapfung mit der Spannung $U + u$ auf die neue mit der Spannung U innerhalb des durch diese beiden Werte begrenzten Spannungsbereiches liegt. Das läßt sich bei der einseitigen Widerstandsanordnung erreichen, indem man

1. den Ohmwert des Widerstandes so wählt, daß der durch den vollen Laststrom erzeugte Spannungsabfall des Widerstandes höchstens gleich *u* ist. Daraus ergibt sich die Größe des Überschaltwiderstandes $= u/I$,
2. indem man den Widerstand so anordnet, daß der durch den Netzstrom erzeugte Spannungsabfall möglichst in Phase mit der Netzspannung liegt. Das läßt sich genau erreichen bei den Phasenverschiebungswinkeln 0 und 180°.

Bei 180° Phasenverschiebung (Abb. 39a) steht der Widerstandskontakt *2* in Richtung der ansteigenden Spannung neben dem Hauptkontakt *1*. Der Pfeil gibt die Richtung des über den Widerstand verlaufenden Stromes an, der Spannungsabfall findet also im gleichen Sinne statt, wie beim Fließen des Ausgleichstromes, der von der höheren Anzapfung $U + u$ über den Widerstand nach U verläuft.

Bei 0° Phasenverschiebung (Abb. 39b) steht Kontakt *2* in Richtung der

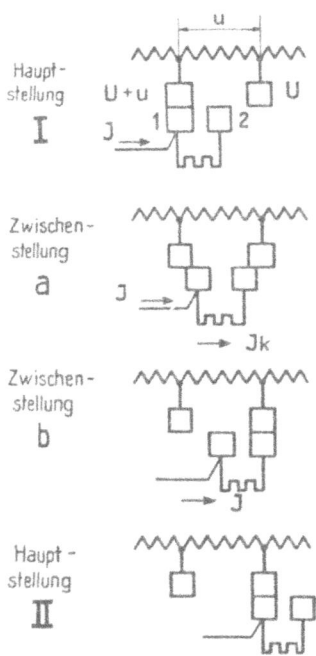

Abb. 38. Schaltvorgang bei einseitigem Überschaltwiderstand.

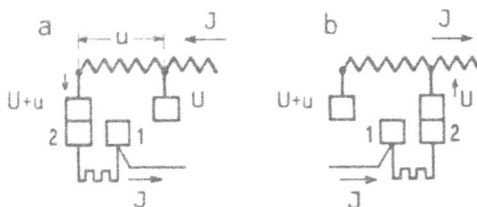

Abb. 39. Lage des einseitigen Überschaltwiderstandes bei verschiedener Richtung des Leistungsflusses.

abnehmenden Spannung neben Kontakt *1*, so daß der Spannungsabfall über den Widerstand wieder im richtigen Sinne erfolgt.

Abb. 39a stellt den Fall dar, bei dem die veränderliche an der Kontaktbahn abgegriffene Spannung die abgehende ist, während die Abb. 39b für die ankommende veränderliche Spannung gilt. Bei induktiver oder kapazitiver Belastung treten Abweichungen gegenüber den beiden geschilderten äußersten Fällen bis zu 90° auf, die Anordnung im Sinne der beiden Bilder ist aber dennoch die günstigste, weil die durch den Widerstand erzeugte Komponente des Spannungsabfalles die geringste Abweichung von der Stufenspannung hat. Hieraus lassen sich die nachstehenden Regeln ableiten:

Fließt der Lastrom aus der Wicklung zur Kontaktbahn (Abb. 39a), so liegt der Widerstand in Richtung der ansteigenden Spannung neben dem Hauptkontakt. Dies ist beispielsweise der Fall bei einer Kontaktbahn mit abgehender veränderlicher Spannung und bei einer Regelkontaktbahn am Sternpunkt.

Fließt der Laststrom über die Kontaktbahn zur Wicklung, so liegt der Widerstand an der Seite der abnehmenden Spannung neben dem Hauptkontakt (Abb. 39b). Dies trifft beispielsweise zu bei einem Transformator, an dessen Kontaktbahn die ankommende veränderliche Spannung angeschlossen ist.

Das Schaltverfahren der Abb. 38 wird bei kleineren Leistungen in großem Umfange ausgeführt. Hierbei sind die beiden Kontakte und der zwischengeschaltete Widerstand gewöhnlich fest miteinander verbunden und gleiten gemeinsam an der festen mit den Anzapfungen verbundenen Kontaktreihe entlang.

Bei größeren Schalteinrichtungen dagegen unterteilt man die Kontakteinrichtung in Lastschalter und Wähler, um den Abbrand der Kontakte an einer Stelle, nämlich am Lastschalter, zu haben, wodurch die mit den Anzapfungen verbundenen Kontakte des Wählers von den Lastschaltungen befreit sind. Diese Anordnung hat sich seit einer längeren Reihe von Jahren bei Zellenschaltern bewährt. Die beiden bekanntesten älteren Verfahren mit Stufenregelung seien daher im nachstehenden beschrieben.

Das Verfahren der AEG.[1] (Abb. 40) wird ausgeführt mit einem Wähler, an dessen feststehender Kontaktbahn ein bewegliches System von fest miteinander verbundenen Kontakten entlangläuft, dessen Zuleitungen mit einem feststehenden Widerstand und drei gleichfalls feststehenden Lastschaltern verbunden sind. Während die beweglichen Wählerkontakte mit gleichmäßiger Geschwindigkeit an der Kontaktbahn entlanggleiten, werden durch die drei feststehenden Lasthebelschalter im richtigen Zeitpunkt diejenigen Schaltungen vorgenommen, durch die ein Abbrand der Wählerkontakte verhindert wird. Die Zuleitungen zu den

[1] Lind, AEG-Zeitung 1929, Heft 10.

Wählerkontakten werden stromlos gemacht, ehe die Kontakte auf-
oder ablaufen, und bei gleichzeitigem Anschluß zweier benachbarter
Anzapfungen wird der einseitig angeordnete Widerstand zwischengeschaltet.

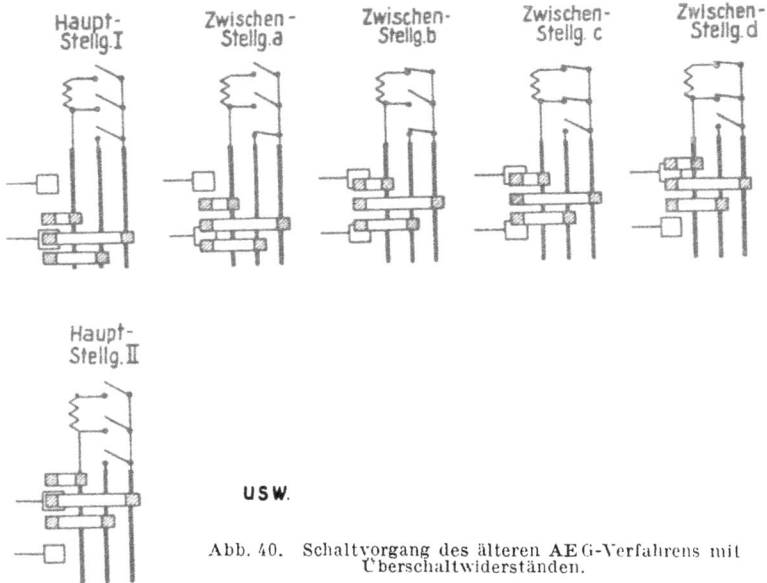

Abb. 40. Schaltvorgang des älteren AEG-Verfahrens mit
Überschaltwiderständen.

Abb. 41 stellt gleichfalls ein Schaltverfahren mit einseitigem Widerstand dar, welches von der Firma Brown, Boveri u. Co.[1]) angewendet wird.
Im Gegensatz zu dem vorher beschriebenen Verfahren wird hier ein
Wähler mit nicht gleichmäßiger Bewegung der Kontakte verwendet, und
ein aussetzendes Getriebe erteilt den Kontakten ihre Bewegung so, daß
Wähler und Lastschalter ihre Schaltungen abwechselnd ausführen, wobei
die richtige Durchführung der Schaltfolge durch entsprechende Ausbildung der die Bewegung der Kontakte steuernden Bauteile gewährleistet
wird. Der Überschaltwiderstand kann induktionsfrei oder als Schaltdrossel ausgebildet sein, der Schaltvorgang ist in beiden Fällen grundsätzlich der gleiche. Es handelt sich also hier um keine Spannungsteilerschaltung, auch wenn anstatt des induktionsfreien Widerstandes eine
Schaltdrossel Verwendung findet.

b) Lastschaltung mit beiderseits angeordneten Überschaltwiderständen.

Es gibt zahlreiche Fälle, bei denen Regler zwischen zwei Netze geschaltet werden, zwischen denen je nach Bedarf eine Belieferung mit

---

[1]) Bollmann, BBC-Nachrichten 23 (1936) S. 62.

Strom in beiden Richtungen stattfindet, bei denen also der einseitig angeordnete Widerstand nur immer für eine Energierichtung richtig sein
würde. Bei der für den vorgesehenen Widerstand falschen Stromrichtung
würde daher ein verhältnismäßig großer Abbrand der Kontakte die Folge

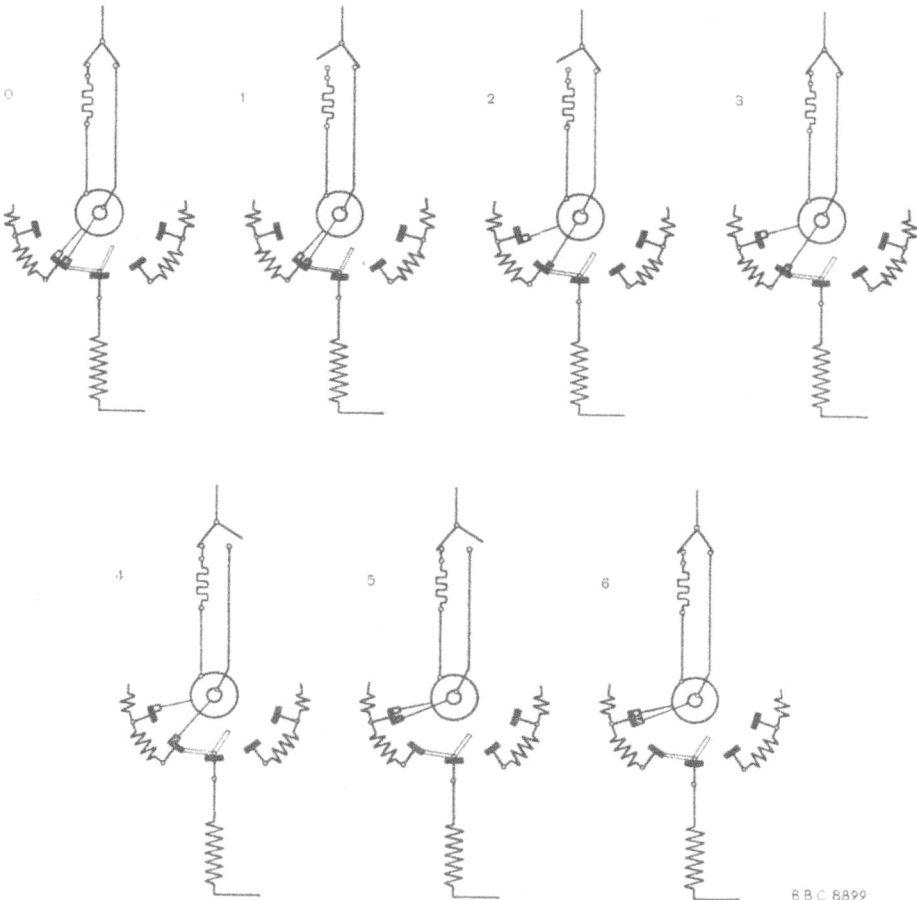

Abb. 41. Schaltvorgang des älteren BBC-Verfahrens.

sein. Hier ist die Anordnung von zwei Widerständen zu beiden Seiten des
Hauptkontaktes erforderlich (Abb. 42 und 43).

Der zweite Grund für die Anwendung zweiseitiger Widerstände ist,
daß bei den Schaltverfahren, deren Beschreibung jetzt folgt, im
Falle einer Unterteilung in Lastschalter und Wähler ein symmetrischer
Lastschalter zur Anwendung kommt, dessen bewegliche Kontaktteile
beim Schalten mehrerer Stufen hintereinander im gleichen Regelsinn

zwischen zwei Endstellungen hin- und hergehen, gleichgültig, ob die Spannung höher oder tiefer geregelt wird. Jede der beiden Schaltrichtungen wird daher für jeden Regelsinn verwendet. Da bei einseitigen Widerständen stets eine Schaltung im richtigen, die nächste im falschen Sinne stattfinden würde, ist hier die symmetrische Anordnung der Widerstände Bedingung.

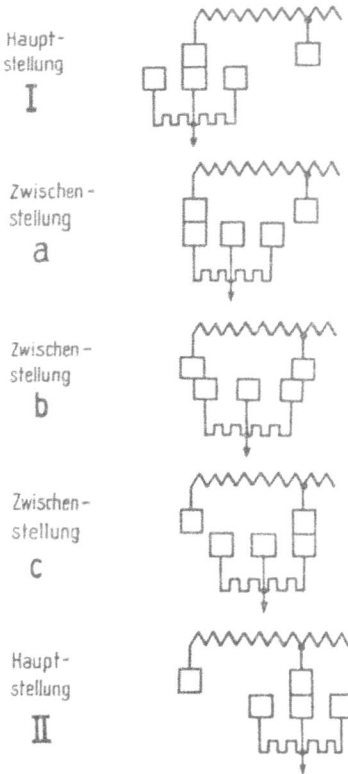

Abb. 42. Schaltvorgang mit beiderseitigen Überschaltwiderständen, Schaltfolge I.

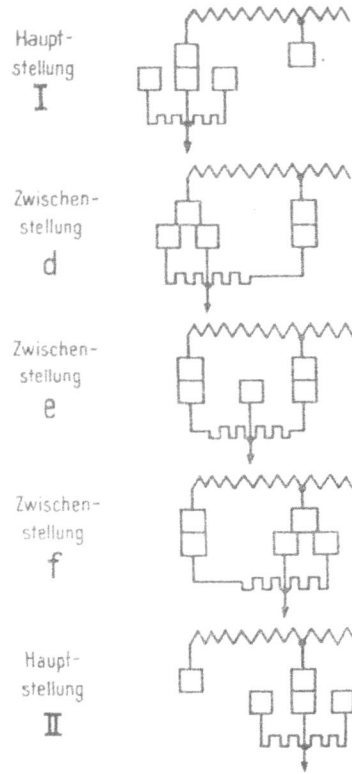

Abb. 43. Schaltvorgang mit beiderseitigen Überschaltwiderständen, Schaltfolge II.

Abb. 42 und 43 stellen die beiden in Betracht kommenden Schaltungen einer Stufe dar. Die Stellungen I und II sind Dauerstellungen, bei denen die Widerstände ausgeschaltet oder überbrückt sind, a, b, c und d, e, f sind die Zwischenstellungen. Abb. 44 zeigt das Diagramm bei einer Phasenverschiebung φ zwischen Strom und Spannung. Die Größe des Widerstandes ist R, U_I und U_{II} sind die Spannungen zweier benachbarten Anzapfungen.

Bei der Schaltfolge der Abb. 42[1]) liegt die Spannung mit ihren Endpunkten nacheinander bei U_a, U_b und U_c der Abb. 44, wobei U_b der symmetrischen Mittelstellung b, U_a und U_c den beiden Außenstellungen a und c entsprechen. Bei der Schaltfolge der Abb. 43[2]) verläuft der Endpunkt der Spannung lediglich über die Zwischenspannung U_e der Abb. 44b, weil in den beiden einseitigen Stellungen d und f allein ein Ausgleichstrom über den einen zwischen die benachbarten Anzapfungen geschalteten Widerstand fließt, dessen Größe $= u/R$ ist und der in Phase mit der Stufenspannung u liegt. In diesen Außenstellungen ist die betreffende Anzapfung unmittelbar angeschlossen, und der Endpunkt der Spannung liegt bei U_I oder U_{II}.

Ein Abbrand der Kontakte findet statt:

a) wenn ein Widerstand eingeschaltet wird, der vorher überbrückt oder abgeschaltet war (Schaltungen I nach a, II nach c der Abb. 42, d nach e, f nach e der Abb. 43),

b) bei Unterbrechung des Last- oder Ausgleichstromes (Schaltung b nach c, b nach a der Abb. 42, f nach II, d nach I der Abb. 43).

Bei der Schaltfolge der Abb. 42 fließt ein Ausgleichstrom nur in der Stellung b, in der die beiden Widerstände für den Ausgleichstrom in Serie, für die beiden Komponenten des Laststromes parallel geschaltet sind. Der Ohmwert der Widerstände kann daher klein gehalten werden. Im allgemeinen dürfte $R = u/I$ (Vollaststrom) einen günstigen Wert einer Widerstandshälfte ergeben, dem ein Ausgleichstrom vom Betrag $I/2$ entspricht.

Bei der Schaltfolge nach Abb. 43 wird in den beiden Stellungen d und f nur der eine Widerstand zwischen die beiden benachbarten Anzapfungen geschaltet. Soll hier der Ausgleichstrom nicht größer werden als bei der Schaltfolge nach Abb. 42, so müssen die Widerstände den doppelten Ohmwert, also $2 \cdot u/I$ erhalten, was auch zulässig ist, da der Netzstrom nur in der Mittelstellung, und zwar über beide in Parallelschaltung verläuft.

Die beiden geschilderten Schaltfolgen sind als gleichwertig anzusehen, und die Wahl derselben wird nach konstruktiven Gesichtspunkten vorgenommen. Die beiden Diagramme der Abb. 44 geben einen Vergleich bezüglich der Veränderung der Spannung während des Überschaltens, Abb. 44a entspricht der Schaltfolge der Abb. 42, Abb. 44b der von Abb. 43 bei dem doppelten Ohmwert der Widerstände gegenüber Abb. 42.

---

[1]) Bollmann, BBC-Nachr. 23 (1936) S. 62, Bölte, ETZ 53 (1932) S. 525, Bölte, AEG-Mitt. 1934 S. 48, Haag & Schwenk, ETZ 54 (1933) S. 199, Hayn, Sachsenwerk-Mitt. 1932 S. 30, 1937 S. 12, Jansen, Elektrizit. Wirtsch. 1930 S. 162, Jansen FTZ 58 (1937) S. 874, Küchler, ETZ 55 (1934) S. 1054, 1075, Reiche, ETZ 59 (1938) S. 7, Schwaiger, VDE-Fachber. 1935 S. 15, Schwaiger, ETZ 59 (1938) S. 281.

[2]) Jansen, ETZ 58 (1937) S. 874.

Während man nach Abb. 44a drei Zwischenwerte der Spannung U_a, U_b und U_c erhält, nimmt die Spannung bei Abb. 44b nur den einen Zwischenwert U_e während des Übergehens des Hauptkontaktes auf die neue Anzapfung an.

Bei der Unterteilung in Lastschalter und Wähler ändert sich an der Darstellung der Lastschaltvorgänge nichts, weil der Wähler arbeitet, während der Lastschalter stillsteht und umgekehrt. Es erübrigt sich daher auch, an dieser Stelle besondere Schaltfolgen mit Wählern darzustellen, deren Zusammenarbeiten mit dem Lastschalter in einem besonderen Abschnitt des Kapitels VI behandelt wird.

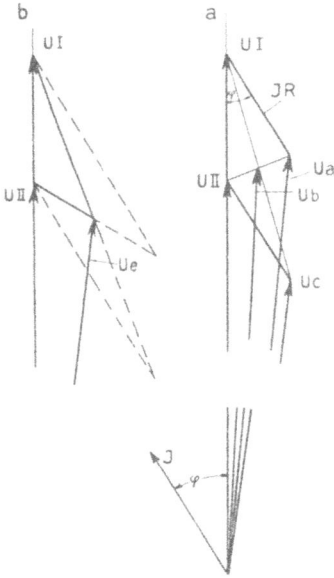

Abb. 44. Diagramm bei beiderseitigen Überschaltwiderständen.

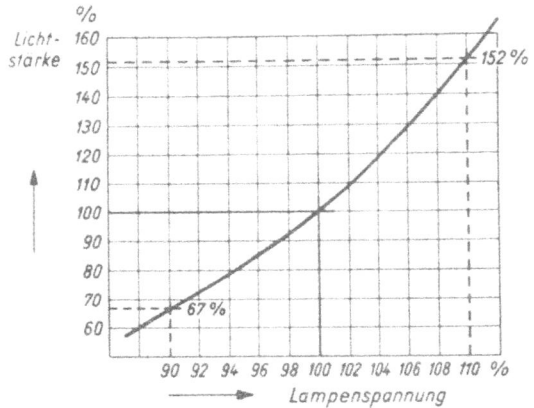

Abb. 45. Lichtstärke einer gasgefüllten Wolfram-Drahtlampe in Abhängigkeit von der Lampenspannung.

IV. Regelbereich und Stufenzahl.

1. Transformatoren für Netzregelung.

Die Größe des für die Netzregelung erforderlichen Regelbereiches wird durch die im Netz und Regeltransformator selbst auftretenden Spannungsabfälle vorgeschrieben. Sie kann also recht verschieden sein. Überblickt man jedoch den Regeltransformatorenbau des letzten Jahrzehntes, so kann man, im großen gesehen, zwei Grenzwerte für den Regelbereich feststellen: Einen unteren Grenzwert entsprechend $\pm 10\%$ und einen oberen für $\pm 20\%$ Regelung[1]). Man geht wohl nicht fehl in der An-

---

[1]) Vgl. a. Jansen, Spannungs- und Leistungsregelung in vermaschten Mittelspannungsnetzen, Elektr. Wirtsch. 36 (1937).

nahme, daß im allgemeinen der kleinere Regelbereich zum Ausgleich der Spannungsabfälle auf einer Seite des Regeltransformators dient, während der größere in den Fällen in Betracht kommt, in denen vor und hinter dem Transformator ausgedehnte Netze mit entsprechenden Spannungsabfällen vorhanden sind. Für eine Vereinheitlichung der Regeltransformatoren wären daher zwei Regelbereiche in Erwägung zu ziehen, die unter Vermeidung der Extreme mit $\pm$ 12% und $\pm$ 18% festgesetzt werden könnten. Mit diesen beiden Werten für den Regelbereich wäre allen Fällen der Netzregelung praktisch Genüge zu leisten.

Der Regelbereich ist aber nicht nur eine Angelegenheit des Transformators sondern auch des Regelschalters, denn von der Größe des Regelbereiches hängt auch die erforderliche Unterteilung in eine ausreichende Zahl von Stufen ab. Für die Wahl der Stufenspannung sind zwei Gesichtspunkte maßgebend, nämlich die mit Rücksicht auf die Beleuchtung zulässige sprungweise Spannungsänderung, die sich beim Übergang von einer Anzapfung zur nächsten ergibt, und andererseits die Schaltleistung, die dem Regelschalter zugemutet werden kann.

Von allen Stromverbrauchern ist die Glühlampe der in bezug auf Spannungsänderung empfindlichste. Die außerordentliche starke Abhängigkeit der Lichtstärke einer neuzeitlichen Wolframdrahtlampe von der Spannung zeigt Abb. 45. Beträgt die Lichtstärke bei Nennspannung 100%, so steigt sie bei einer Spannung von 110% des Nennwertes auf 152% und fällt bei 90% der Nennspannung auf 67%. Die Beziehung zwischen der Lampenspannung U und der Lichtstärke J läßt sich durch die Gleichung

$$U^x = c \cdot J \dots \dots \dots \dots \dots \dots (18)$$

ausdrücken, in der c eine der Lampe eigentümliche Konstante ist. Der Exponent x errechnet sich aus den beiden genannten Wertpaaren für Spannung und Lichtstärke zu

$$x = \frac{\log 1{,}52}{\log 1{,}1} = 4{,}4$$

bzw.

$$x = \frac{\log 0{,}67}{\log 0{,}9} = 3{,}8.$$

Man kann also mit genügender Genauigkeit die Lichtstärke der 4. Potenz der Spannung proportional setzen. Hieraus folgt, daß bei einer Spannungsänderung von 1% die Lichtänderung bereits 4% beträgt[1]).

Es ist natürlich wünschenswert, daß die Stufenspannung niedrig genug gewählt wird, um die entsprechende Lichtschwankung in erträglichen Grenzen zu halten. Die Frage nach der zulässigen Lichtschwankungen führt in das Gebiet der Psychophysik. Die menschlichen Sinnes-

---

[1]) R. Küchler, Transformatoren für Spannungsregelung unter Last. ETZ 55 (1934) H. 43 S. 1054, H. 44, S. 1075.

organe vermögen eine Reizänderung nur wahrzunehmen, wenn die Änderung einen bestimmten endlichen Betrag, die Unterschiedsschwelle genannt, erreicht. Nach dem Weberschen Gesetz ist die Unterschiedsschwelle bei Gesichts-, Gehörs- und Druckempfindungen dem Reiz selbst proportional, d. h. die gerade noch wahrnehmbare prozentuale Reizänderung (relative Unterschiedsschwelle) ist für Licht, Schall und Druck jeweils eine konstante Größe. Streng gilt dieses Gesetz nur für normale Reizstärken. An der oberen und unteren Grenze der Aufnahmefähigkeit unserer Sinnesorgane nimmt die relative Unterschiedsschwelle erheblich zu. Hiernach ist es also möglich, einen bestimmten prozentualen Betrag für die Lichtschwankung zu nennen, der gerade an der unteren Grenze der Wahrnehmbarkeit liegt, und zwar unabhängig von den Zufälligkeiten, die durch die Intensität der Lichtquelle und den Abstand des Beobachters von ihr gegeben sind. Die Bühnenbeleuchtungstechniker kennen diese Zusammenhänge seit langem und richten ihre Regler so ein, daß die Lichtstärke sich von Stufe zu Stufe einer geometrischen Reihe folgend jeweils um etwa 4,5% ändert. Lassen wir diesen Betrag als größte kaum merkliche Lichtschwankung gelten so ergibt sich nach obigem als unterer Richtwert für die Stufenspannung ein Betrag von 1% der Netzspannung. Zweifellos genügt dieser Wert bereits sehr verwöhnten Ansprüchen. Im allgemeinen wird man mit der Stufenspannung ruhig etwas höher gehen können, etwa bis zu 1,5%. Sogar Stufenspannungen von 2 bis 2,5% können als tragbar angesehen werden, wenn das Netz mehrere unabhängig voneinander geregelte Speisepunkte besitzt, die einen gewissen Spannungsausgleich gewährleisten.

Für die eingangs vorgeschlagenen Normal-Regelbereiche von ± 12 und ± 18% würden sich bei einer Stufenspannung von 1,5% Stufenzahlen ergeben, die durchaus im Rahmen der üblichen liegen, nämlich ± 8 bzw. 12 Stufen. Damit erledigt sich auch die Frage nach der Schaltleistung pro Stufe. Denn eine Schaltleistung von 1,5% der durch den Regeltransformator übertragenen Leistung ist im Drehstromsystem kein Problem, da auf jede Phase nur ein Drittel, also 0,5% entfällt. Selbst bei der größten bisher in Europa ausgeführten Transformatoreneinheit mit einer Leistung von 100 MVA würde die Schaltleistung je Phase nur den Betrag von 500 kVA erreichen.

2. Regeltransformatoren für industrielle Zwecke, a-b-c-Regelung.

Die Anforderungen, die an den Regelbereich von Transformatoren für bestimmte industrielle Zwecke gestellt werden, gehen im allgemeinen erheblich über das bei Netzregelung übliche Maß hinaus. Elektrische Öfen oder Schmelzelektrolyse-Bäder verlangen eine Regelung der Spannung im Verhältnis 1 : 2 bis 1 : 3 oder mehr. Dementsprechend ergeben sich auch ungewöhnlich hohe Stufenzahlen, einmal mit Rücksicht auf die

Stufenschaltleistung des Regelschalters, andererseits wegen der Anforderungen, die im Einzelfalle an die Feinstufigkeit der Regelung gestellt werden müssen. Wegen der Verschiedenartigkeit der Anwendung der Stufenregelung in industriellen Anlagen lassen sich einheitliche Richtlinien nicht geben. Nur soviel mag gesagt sein, daß Stufenzahlen von etwa 100 keine Seltenheit sind.

Bei derartig hohen Stufenzahlen greift man, wie in den voraufgehenden Abschnitten bereits ausgeführt, zur mehrfachen Umlenkung (S. 17) der Regelspule oder einem ähnlichen Grob- und Feinregelverfahren (S. 28), um die Kontaktzahl am Regler in vernünftigen Grenzen zu halten. Für Drehstromregeltransformatoren besteht außerdem die Möglichkeit, durch die sogenannte a-b-c-Regelung die Feinstufigkeit ohne Vermehrung der Reglerkontakte und Anzapfungen zu verdreifachen, so daß man in manchen Fällen das Grob- und Feinregelverfahren entbehren kann. Unter Umständen kann auch eine Anwendung der a-b-c-Schaltung auf die Grob- und Feinregelung in Betracht kommen.

Das a-b-c-Regelverfahren besteht darin, daß man an den drei Wicklungssträngen nicht, wie sonst üblich, gleichzeitig einen Schaltschritt ausführt, sondern jeweils nur an einem Wicklungsstrang um eine Stufe weiterregelt und dabei die Regelung an den 3 Wicklungssträngen zyklisch miteinander abwechseln läßt. Infolgedessen wird nach je 3 in einer Richtung ausgeführten Schaltschritten die Windungssymmetrie der 3 Wicklungsstränge wieder hergestellt. In den dazwischen liegenden beiden Stellungen ist die aktive Windungszahl des ersten Stranges entsprechend einer Stufe größer als die der beiden anderen oder die des dritten Stranges um den gleichen Betrag kleiner. Die Windungsungleichheiten bei den Zwischenstellungen haben Verzerrungen des Sekundärspannungsdreieckes zur Folge, die in beiden Fällen gleich groß sind, aber mit verschiedenen Vorzeichen auftreten. Die Verzerrungen entsprechen jedoch nur einem Teilbetrag der Stufenspannung eines Stranges und können deshalb in Kauf genommen werden.

Bei der Beurteilung der Spannungsverhältnisse in den beiden Zwischenstellungen hat man zu unterscheiden zwischen der a-b-c-Regelung auf der Sekundärseite und der Primärseite des Transformators. Wegen der für industrielle Zwecke benötigten außerordentlich großen Regelbereiche kommen hierfür in erster Linie Spartransformatoren mit sekundärseitiger Regelung in Frage. Bei ihnen liegen die Verhältnisse außerdem am einfachsten, weshalb dieser Fall vorausgestellt werden soll.

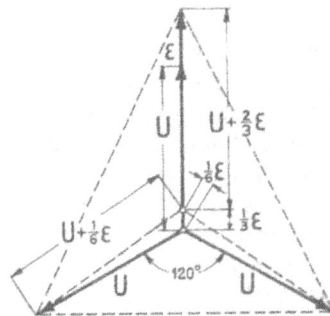

Abb. 46. Vektorbild der Sekundärspannungen bei sekundärer a—b—c-Regelung.

Nimmt man an, daß beim ersten Schaltschritt auf der Sekundärseite die Windungszahl eines Stranges entsprechend der Spannung ε einer Stufe vergrößert wird, so ergeben sich, wie Abb. 46 zeigt, die um 120⁰ phasenverschobenen Strangspannungen $U + \varepsilon$ und U. Der Knotenpunkt der drei Wicklungsstränge ist vom Sternpunkt (Schwerpunkt) des entstandenen Spannungsdreiecks um $\frac{1}{3}\varepsilon$ entfernt, so daß die sich zu Null ergänzenden Sternspannungen $U + \frac{2}{3}\varepsilon$ bzw. $U + \frac{1}{6}\varepsilon$ von den entsprechenden Strangspannungen abweichen. In der zweiten Zwischenstellung entsteht gegenüber dem 3. Schaltschritt, mit dem die Sternspannungen $U + \varepsilon$ erreicht werden, die gleiche Änderung, jedoch mit negativem Vorzeichen, d. h. es errechnen sich die Sternspannungen $U + \varepsilon - \frac{2}{3}\varepsilon = U + \frac{1}{3}\varepsilon$ bzw. $U + \varepsilon - \frac{1}{6}\varepsilon = U + \frac{5}{6}\varepsilon$. Unter Berücksichtigung der Phasenfolge der Schaltschritte ergibt sich damit folgendes Bild für die Änderung der sekundären Sternspannungen[1]).

Schaltschritt	1. Strang	2. Strang	3. Strang	Mittelwert
1	$\frac{2}{3} \cdot \varepsilon$	$\frac{1}{6} \cdot \varepsilon$	$\frac{1}{6} \cdot \varepsilon$	$\frac{1}{3} \cdot \varepsilon$
2	$\frac{5}{6} \cdot \varepsilon$	$\frac{1}{3} \cdot \varepsilon$	$\frac{5}{6} \cdot \varepsilon$	$\frac{2}{3} \cdot \varepsilon$
3	ε	ε	ε	ε

Das arithmetische Mittel der Spannungsänderungen ist gleich den Sollwerten $\frac{1}{3}\varepsilon$ bzw. $\frac{2}{3}\varepsilon$. Die maximalen Abweichungen von den Sollwerten entsprechen einem Drittel der Stufenspannung ε. Die Wirkung der a-b-c-Regelung ist also nicht ganz ideal und kommt mehr einer Verdoppelung als einer Verdreifachung der Stufenzahl gleich.

Um den Vergleich mit der sekundärseitigen a-b-c-Regelung zu erleichtern, wird bei der Regelung auf der Primärseite der Fall betrachtet, bei welchem die Windungszahl eines Wicklungsstranges entsprechend einer Spannungsstufe ε vermindert ist. Dann entsteht in einem dreischenkeligen Eisenkern außer einem symmetrischen dreiphasigen Fluß ein einphasiger, der in dem Schenkel mit verminderter Windungszahl die Flußdichte erhöht und sich durch die beiden anderen rückläufig schließt. Dieser Einphasenfluß verteilt die Stufenspannung ε auf die 3 Schenkel im Verhältnis 2 : 1 : 1. Damit ergeben sich die primären und sekundären Vektorbilder nach Abb. 47, für die abgesehen von der Windungsunsym-

[1]) R. Küchler, Transformatoren für Spannungsregelung unter Last, ETZ 55 (1934) H. 43, S. 1054, H. 44, S. 1075.

metrie eine Windungsübersetzung von $1 : 1$ angenommen ist. Auf der Primärseite entsteht eine Sternpunktsverlagerung entsprechend $\frac{1}{3}\,\varepsilon$. Die beiden ungeregelten Schenkel induzieren primär und sekundär die Strangspannungen $U + \frac{1}{6}\,\varepsilon$, der geregelte Schenkel auf der Sekundärseite die Strangspannung $U + \frac{2}{3}\,\varepsilon$, primärseitig wegen der entsprechend dem Relativwert von ε verminderten Windungszahl dagegen nur $U - \frac{1}{3}\,\overline{\varepsilon}$.

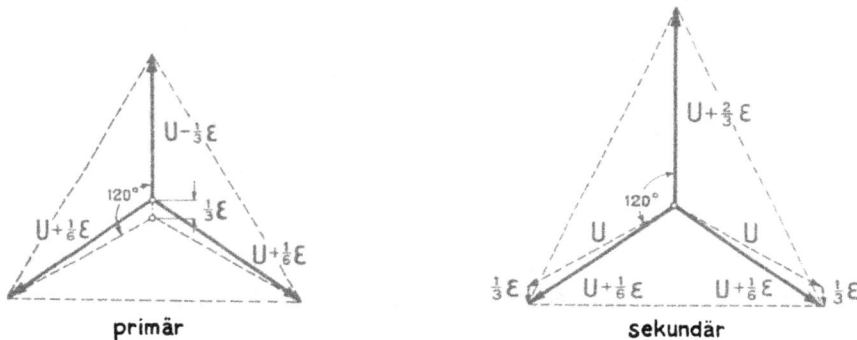

Abb. 47. Vektorbilder der Primär- und Sekundärspannungen bei primärer a - b - c-Regelung.

Ein Vergleich des sekundären Vektorbildes mit dem für sekundäre Regelung in Abb. 46 dargestellten zeigt die Übereinstimmung der Strangspannungen. Der Unterschied besteht also nur darin, daß bei primärer Regelung eine sekundäre Sternpunktsverlagerung ausbleibt. Damit ist auch die Möglichkeit der sekundären Dreieckschaltung gegeben. Die Spannungsschritte auf der Sekundärseite sind mithin in allen Fällen die gleichen, wobei die oben berechneten Spannungsänderungen bei Dreieckschaltung natürlich auf die Dreieckspannung zu beziehen sind.

Die behandelten Fälle der a-b-c-Regelung beziehen sich auf die Sternschaltung der angezapften Wicklung. Bei a-b-c-Regelung in einem Wicklungsdreieck ergeben sich insofern veränderte Verhältnisse, als die drei Schenkelflüsse sich nicht mehr restlos im Eisen schließen können, sondern teilweise auch durch die Luft von Joch zu Joch ihren Weg nehmen müssen, so daß eine erhebliche Vergrößerung der Magnetisierungsleistung die Folge ist. Aus diesem Grunde wird man die Dreieckschaltung der nach dem a-b-c-Verfahren geregelten Wicklung möglichst vermeiden. Der Vollständigkeit halber soll sie jedoch kurz erörtert werden.

Bei primärer Regelung im Wicklungsdreieck findet man auf der in Stern geschalteten Sekundärseite für die Zwischenstellungen die gleichen Spannungsvektoren, wie sie Abb. 46 für sekundärseitige Regelung zeigt, da ja die Induktion in einem Schenkel entsprechend einer Stufe erhöht oder vermindert ist. Der so entstehende Kraftflußüberschuß dieses Schenkels muß sich notwendigerweise von Joch zu Joch durch die Luft schließen. Damit dieser Ausgleich nicht gedrosselt wird, darf der Transformator natürlich keine weitere Dreieckwicklung erhalten.

Die Betrachtung der Abb. 46 zeigt ferner, daß bei Dreieckschaltung der angezapften Sekundärwicklung die Strangspannungen $U + \varepsilon$ und U ein geschlossenes Dreieck nur dann ergeben, wenn sie mit den Sternspannungen $U + \frac{2}{3}\varepsilon$ und $U + \frac{1}{6}\varepsilon$ zur Deckung gebracht werden. Hierzu ist eine Knotenpunktsverlagerung um $\frac{1}{3}\varepsilon$ erforderlich, die für jeden Schenkel einen entsprechenden Fluß von Joch zu Joch bedingt und der durch weitere Dreieckwicklungen nicht behindert werden darf. Die Schaltschritte in den Zwischenstellungen sind auch in diesem Falle mit den in der Zahlentafel auf S. 62 angegebenen identisch, wenn man sie nicht auf die Stern- sondern auf die Dreieckspannung bezieht.

V. Wicklungsaufbau der Regeltransformatoren.

Entscheidend für die Betriebssicherheit eines Transformators ist die grundsätzliche Anordnung und bauliche Gestaltung der Wicklung. Dies gilt in besonders starkem Maße für Regeltransformatoren, die nicht nur zwei oder drei Hauptwicklungen wie gewöhnliche Transformatoren, sondern darüber hinaus auch Regelspulen mit vielen Anzapfungen erhalten. Die räumliche Anordnung der Regelspulen will sorgfältig überlegt sein, wenn sie nicht zur Gefahrenquelle für den Transformator werden soll. Zwei Gesichtspunkte sind hierbei voranzustellen, nämlich die Kurzschlußsicherheit und die Spannungsfestigkeit. Die Schwierigkeit, die Kurzschlußsicherheit des Transformators zu erhalten, liegt darin, daß sich das AW-Volumen der Regelspule mit der Stellung des Regelschalters ändert und bei Umkehrschaltungen auch die Stromdurchflutung der Regelspule das Vorzeichen wechselt. Es sind deshalb besondere Maßnahmen notwendig, um AW-Unsymmetrien zu vermeiden, die im Kurzschlußfalle so große Stromkräfte hervorrufen würden, daß Wicklungszerstörungen die unausbleibliche Folge sind. Die Spannungssicherheit der geregelten Wicklung andererseits ist durchaus nicht ohne weiteres gewährleistet, wenn die Isolation zwischen Stammwicklung und Regelspule für die betriebsmäßig oder bei der Windungsprobe auftretende Spannungsdifferenz bemessen wird. In den meisten Fällen ist die Isolationsbeanspruchung zwischen beiden Wicklungsteilen durch Wanderwellen relativ erheblich höher, so daß Gewitterentladungen bei Nichtbeachtung dieses Umstandes leicht einen Durchschlag herbeiführen könnten. Die relative Höhe der Stoßbeanspruchung wird durch die räumliche und elektrische Anordnung der Regelspule bedingt und ist nicht nur für die innere Isolation der Wicklung, sondern auch für die Isolation des Regelschalters maßgebend, der ja über die Anzapfleitungen mit der Regel- und Stammwicklung verbunden ist.

Schließlich ist noch zu beachten, daß die Änderung des AW-Volumens der Regelspule einen Einfluß auf das Streufeld und damit auf die Kurzschlußspannung bzw. den Spannungsabfall des Transformators ausübt. Wenn auch eine Veränderung des Spannungsabfalles am Transformator durch den Regelschalter selbst wieder ausgeglichen werden kann, so ist doch eine Vergrößerung des Regelbereiches unerläßlich. Man wird deshalb darauf Bedacht nehmen und die Regelspule nach Möglichkeit so anordnen, daß die Änderung ihres AW-Volumens die Kurzschlußspannung wenig beeinflußt.

1. Kurzschlußfestigkeit des Wicklungsaufbaues.

Im allgemeinen Transformatorenbau hat sich die Kerntype mit konzentrischen, zylinderförmigen Wicklungen als wirtschaftlichste Bauform mit höchster Kurzschluß- und Spannungsfestigkeit bis auf einige Sonderfälle so restlos durchgesetzt, daß es fast als selbstverständlich erscheint, wenn auch für den Regeltransformator grundsätzlich der gleiche Aufbau gewählt wird. In Wirklichkeit ist die Forderung nach Kurzschlußfestigkeit des Regeltransformators mit einer anderen Wicklungsanordnung, nämlich der Scheibenwicklung im allgemeinen leichter zu verwirklichen als bei der konzentrischen Wicklung. Die höheren Baukosten der Scheibenwicklung, die durch die wiederholte Anwendung der Isolation zwischen den Ober- und Unterspannungsspulen bedingt sind, wiegen jedoch insbesondere bei höheren Spannungen erheblich schwerer als die Aufwendungen, die zur Kompensierung der AW-Unsymmetrien bei konzentrischen Wicklungen notwendig sind.

Bei der konzentrischen Wicklungsanordnung mit runden Spulen treten bekanntlich bei völliger AW-Symmetrie, die bei genau gleich langen Primär- und Sekundärwicklungen mit gleichmäßig über die Schenkellänge verteilten Windungen erzielt wird, Stromkräfte lediglich in radialer Richtung auf. Diese Radialkräfte suchen die außenliegende Wicklung zu erweitern, die innere dichter an den Kern heranzubringen. Beide Kräfte werden leicht vom Wicklungskupfer bzw. von den Abstützleisten gegen den Kern aufgenommen. Eine solche Wicklung ist innerhalb der in Betracht kommenden Grenzen also dynamisch absolut kurzschlußsicher. Ist die AW-Symmetrie dagegen gestört, sei es, daß die Wicklungen ungleiche Länge haben oder in axialer Richtung gegeneinander verschoben sind, so gesellen sich den erwähnten Radialkräften Axialkomponenten hinzu, die die bestehende Unsymmetrie zu vergrößern trachten. Die Größe dieser Axialkomponenten braucht nur einen Bruchteil der Radialkräfte zu erreichen, um bereits für den Transformator gefährlich zu werden. Denn die Axialkomponenten verteilen sich auf die relativ zur Mantelfläche schmalen Stirnflächen der Wicklungen und beanspruchen die aus Isoliermaterial bestehenden Distanzstücke auf Druck, die Windungen zwischen den Distanzstücken auf Biegung. Die Grenze der zulässigen Beanspruchung kann also leicht überschritten werden. Es ist daher notwendig, sich über die Größe der axialen Kurzschlußkräfte Rechenschaft abzulegen, wenn man die Anzapfungen so anordnet, daß sich AW-Unsymmetrien ergeben.

Beim Leistungstransformator mit in Stern geschalteter regelbarer Wicklung wäre es das naheliegendste, die Anzapfungen, wie Abb. 48 darstellt, an dem Wicklungsende anzubringen, das dem Sternpunkt zugekehrt ist. Haben die primäre und sekundäre Wicklung dabei gleiche Länge, so ergibt sich je nach der Reglerstellung ein elektrischer Längenunterschied $h_1 - h_2$ beider Wicklungen; dieser variiert von Null bis zu einem Maximalbetrag, der dem gesamten Regelbereich proportional ist. Die hierbei auftretenden axialen Verschiebungskräfte lassen sich leicht berechnen, wenn einige Vereinfachungen gemacht werden[1]).

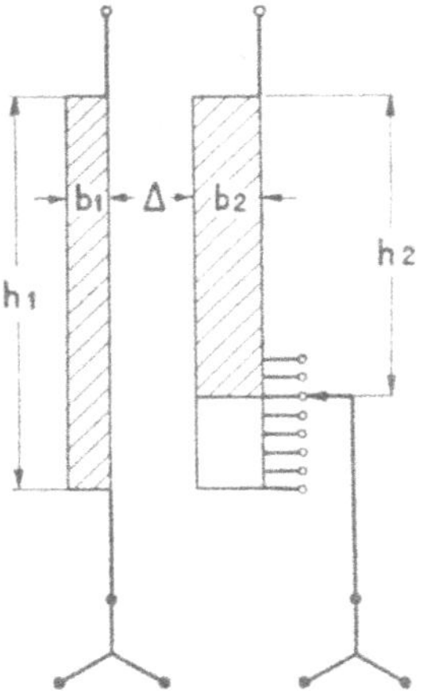

Abb. 48. Leistungstransformator mit einseitiger Windungsabschaltung.

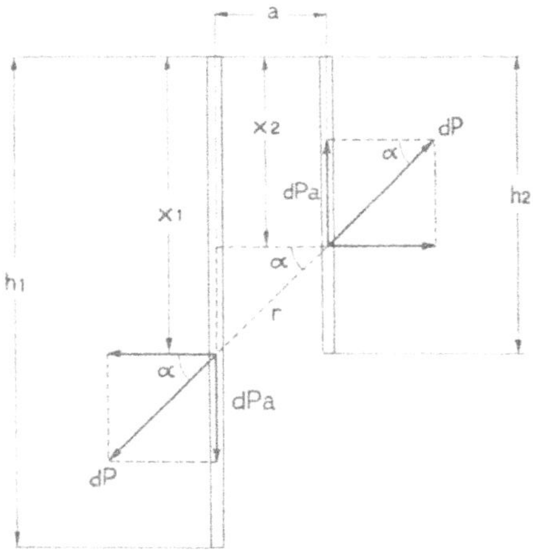

Abb. 49. Ersatzbild zweier Wicklungen mit einseitiger Windungsabschaltung.

Vernachlässigt man die Anwesenheit des Eisenkernes und die Kreisform der Spulen, so ergibt sich ein Ersatzbild nach Abb. 49, das zwei parallele Schienen mit den Höhen h_1 und h_2 zeigt. Der Abstand a der Schienen kann gleich der reduzierten Streuspaltweite $s = \Delta + \dfrac{b_1 + b_2}{3}$

---

[1]) Vgl. a. J. Biermanns, Kurzschlußkräfte an Transformatoren, Schweiz. Bull. 1923 Nr. 4/5.

(Abb. 48) gewählt werden, so daß die radiale Spulendicke b_1 und b_2 in der Rechnung herausfällt. Das Schienenpaar ist unendlich lang zu denken, jedoch wird nur eine Teillänge, die dem mittleren Spulenumfang l_m gleichkommt, in Betracht gezogen. Auf ein Querschnittselement der linken Schiene mit der Höhe d_{x1} entfällt nun ein AW-Anteil

$$d\,(aw_1) = \frac{J_1 \cdot w_1}{h_1}\,d_{x1}.$$

Für die rechte Schiene gilt entsprechend

$$d\,(aw)_2 = \frac{J_2 \cdot w_2}{h_2}\,d_{x2}.$$

Setzen wir $J_1 w_1 = J_2 w_2 = Jw$, so ergibt sich mit den Bezeichnungen der Abb. 49 zwischen zwei beliebigen Querschnittselementen eine Kraft

$$d\,P = 2 \cdot \frac{(Jw)^2}{h_1 \cdot h_2}\,d_{x1}\,d_{x2}\,\frac{l_m}{r}$$

mit einer axial gerichteten Komponente

$$d\,P_a = d\,P \cdot \sin \alpha = d\,P\,\frac{x_1 - x_2}{r}.$$

Mit

$$r^2 = a^2 + (x_1 - x_2)^2$$

läßt sich schreiben

$$d\,P_a = 2 \cdot \frac{(Jw)^2}{h_1 \cdot h_2} \cdot l_m \cdot \frac{x_1 - x_2}{a^2 + (x_1 - x_2)^2}\,d_{x1}\,d_{x2}.$$

Damit erhalten wir für die gesamte Axialkraft, die die linke Schiene nach unten, die rechte nach oben zu schieben trachtet, den Ausdruck

$$P_a = 2 \cdot \frac{(Jw)^2}{h_1 \cdot h_2}\,l_m \int_0^{h_1} d_{x1} \int_0^{h_2} \frac{x_1 - x_2}{a^2 + (x_1 - x_2)^2}\,d_{x2} \quad \cdots \quad (19)$$

Setzen wir J in Amp. ein und multiplizieren mit $1{,}02 \cdot 10^{-8}$, um die Kraft in kg zu erhalten, so ergibt sich nach Durchführung der Integration

$$P_a = 2{,}04\,\frac{(Jw)^2}{h_1 \cdot h_2}\,l_m \cdot K \cdot 10^{-8}\,\text{kg} \quad \ldots \ldots \quad (20)$$

worin

$$K = h_1 \cdot \ln \sqrt{a^2 + h_1^2} - (h_1 - h_2) \ln \sqrt{a^2 + (h_1 - h_2)^2}$$

$$- h_2 \cdot \ln \sqrt{a^2 + h_2^2} + a\left(\text{arctg}\,\frac{h_1}{a} - \text{arctg}\,\frac{h_2}{a}\right.$$

$$\left. - \text{arctg}\,\frac{h_1 - h_2}{a}\right) \quad \ldots \ldots \ldots \quad (21)$$

Führen wir nun die bekannte Radialkraft[1]

---

[1] I. L. la Cour und K. Faye-Hansen: Die Transformatoren. 3. Aufl. Berlin 1936, S. 158.

$$P_r = 6.4 \frac{(Jw)^2}{h_m} \cdot l_m \cdot 10^{-8} \text{ kg} \quad \ldots \ldots \ldots \quad (22)$$

zwischen zwei Spulen mit der mittleren Höhe $h_m = \dfrac{h_1 + h_2}{2}$ in die Gl. (20) ein, so erhalten wir

$$P_a = 0.319 \cdot P_r \frac{h_1 + h_2}{2 \cdot h_1 \cdot h_2} \cdot K \quad \ldots \ldots \ldots \quad (23)$$

Die zahlenmäßige Auswertung der Gl. (23) zeigt, daß

$$P_a = k \cdot P_r \frac{h_1 - h_2}{h_1} \quad \ldots \ldots \ldots \ldots \quad (24)$$

wobei

$$k = 0.319 \frac{1 + \dfrac{h_1}{h_2}}{2 h_1 \left(1 - \dfrac{h_2}{h_1}\right)} \cdot K \quad \ldots \ldots \ldots \quad (25)$$

wie Abb. 50 beweist, innerhalb der in Betracht kommenden Grenzen $\dfrac{h_1}{a} = 10 \ldots 30$ wenig veränderlich ist und näherungsweise der Einheit gleichgesetzt werden kann.

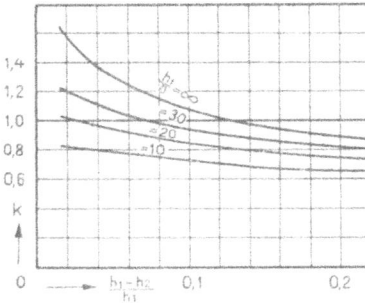

Abb. 50. k als Funktion der Verhältnisse $\dfrac{h_1 - h_2}{h_1}$ und $\dfrac{h_1}{a}$.

Um die maximale dynamische Beanspruchung zu erhalten, hat man der Rechnung den ungünstigsten Betriebsfall zugrunde zu legen. Dieser ergibt sich beim sekundären Klemmenkurzschluß im Augenblick des Nulldurchganges der Spannung. Die hierbei auftretende Stoßamplitude des Kurzschlußstromes errechnet sich für ein unendlich ergiebiges Netz mit genügender Annäherung aus dem Nennstrom J_n, der prozentualen Kurzschlußspannung u_k und deren Komponenten u_r (Ohmischer Spannungsabfall) und u_s (Streuspannung) zu

$$J_{k\max} = \sqrt{2} \cdot J_n \cdot \frac{100}{u_k} \left(1 + e^{-\pi \frac{u_r}{u_s}}\right) < 2.8 \, J_n \frac{100}{u_k} \quad \ldots \quad (26)$$

Nach der voraufgehenden Rechnung erreicht die axiale Kurzschlußschubkraft bei einer einseitigen Wicklungsabschaltung nach Abb. 48 entsprechend einem Regelbereich von nur $\pm 10\%$ etwa 20% der radialen Kurzschlußkraft. Es braucht keines Beweises, daß eine solche Ausführung weit davon entfernt ist, kurzschlußfest zu sein. Die Beanspruchung läßt sich jedoch auf einfache Weise dadurch vermindern, daß man die

Länge der nicht angezapften Wicklung gleich der mittleren elektrischen Länge der angezapften wählt. Dadurch wird der maximale Längenunterschied beider Wicklungen und damit auch die axiale Kurzschlußschubkraft bei unverändertem Regelbereich auf die Hälfte herabgesetzt (Abb. 51a). Eine weitere Verbesserung kann durch räumliche Verlegung der Anzapfungen in die Mitte der Wicklung erzielt werden, wobei sinngemäß in der Mitte der nicht geregelten Wicklung eine Lücke entsprechend dem halben Regelbereich einzufügen ist (Abb. 51b). Die axiale Schubkraft

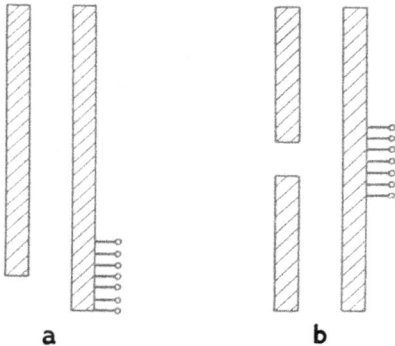

a **b**

Abb. 51. Verbesserte Wicklungsanordnungen für Leistungstransformatoren.

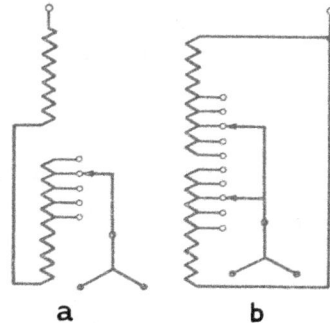

a **b**

Abb. 52. Verlegung der Anzapfungen in die Schenkelmitte.

geht dabei auf ein Viertel des mit Gl. (24) angegebenen Wertes zurück. Will man jedoch auf die Sternpunktsregelung nicht verzichten, so erfordert diese Anordnung schaltungstechnische Maßnahmen, die bei höheren Betriebsspannungen wenig befriedigen. Zwei Beispiele hierfür zeigt Abb. 52. Im ersten Falle (Abb. 52a) ist die untere Wicklungshälfte mit umgekehrten Wickelsinn gewickelt und entsprechend in Reihe geschaltet. Die Schwierigkeit liegt hier in der Isolation zwischen beiden Wicklungshälften, sofern es sich nicht um geringe Betriebsspannungen handelt. Die zweite Schaltung (Abb. 52) vermeidet diesen Nachteil durch Parallelschaltung der Wicklungshälften. Sie ist aber bei hohen Betriebsspannungen aus Preisgründen nicht zu empfehlen.

Ein radikales Mittel zur Unterdrückung der AW-Unsymmetrie bei einseitiger Windungsabschaltung ist eine zweckmäßig ausgeführte Schubwicklung. Sie besteht, wie Abb. 53 zeigt, aus zwei parallel geschalteten Spulen, von denen die eine die Länge der Regelspule und die andere die Länge der Stammwicklung aufweist. Der in der Schubwicklung fließende Ausgleichstrom erreicht sein Maximum bei gänzlich abgeschalteter Regelspule. Er ergänzt den AW-Belag der geregelten Wicklung auf den der nicht geregelten, d. h. bei einer maximalen Windungsabschaltung von $p\%$ ist das AW-Volumen der gesamten Schubwicklung $2\,p\%$ desjenigen einer der beiden Hauptwicklungen. Die Vermehrung des Kupferaufwandes und der Kupferverluste ist also bei größeren Regelbereichen sehr beträchtlich. In der schematischen Darstellung der Abb. 53 erfüllt die Schubwicklung ihre Aufgabe jedoch nur in den Endstellungen des Reglers in vollkommener Weise. Es gibt nun zwei Wege, um die Schubwicklung auch in den Zwischenstellungen des Reglers voll wirksam werden zu lassen. Entweder wird die Regelspule im Gegensatz zur Stammwicklung nicht aus einzelnen Scheibenspulen aufgebaut, sondern in durchlaufende Lagen gewickelt, an deren Enden die Anzapfungen angeschlossen werden, oder die Schubwicklung wird aus einem längsgeschlitzten Kupferzylinder (Abb. 54) gebildet, dessen unteres, der Regelspule gegenüberliegendes Ende entspre-

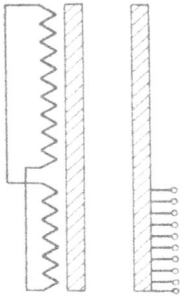

Abb. 53. Leistungstrans-
formator mit Schub-
wicklung.

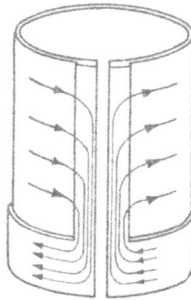

Abb. 54. Schubzylinder.

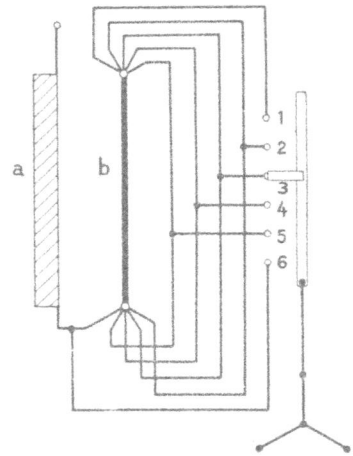

Abb. 55. Leistungstransformator
mit Schaltspule.

chend verstärkt ist. In beiden Fällen wird die Übereinstimmung der elektrischen Länge beider Hauptwicklungen in jeder Reglerstellung gewährleistet. Die erwähnten Nachteile der Schubwicklung lassen sich bei Anwendung eines Kupferzylinders leicht dadurch vermindern, daß man die nicht angezapfte Wicklung nach Abb. 51 um die halbe Regelspulenhöhe verkürzt. Der Kupferbedarf für den Schubzylinder sinkt dabei auf 75%, der höchste Kupferverlust im Schubzylinder auf 50% des sonst zu erwartenden Wertes.

Für große Regelbereiche ist die über die ganze Schenkellänge sich erstreckende Regelspule, kurz »Schaltspule« genannt, das Gegebene. Sie kann mehrgängig oder mehrlagig ausgeführt werden, wesentlich ist jedoch, daß sie zur Vermeidung von AW-Unsymmetrien nur an ihren Enden angezapft ist. Dadurch werden Schubwicklungen oder ähnliche Hilfsmittel entbehrlich. Abb. 55 zeigt die Anwendung der Schaltspule für einen Leistungstransformator mit Sternpunktsregelung. Die Schaltspule b ist als mehrgängige Röhrenspule gewickelt, deren Gangzahl mit der Stufenzahl übereinstimmt. Ihre axiale Höhe entspricht der der

Stammwicklung *a*. Da die einzelnen Stufen bzw. Gänge gleichsinnig gewickelt sind, müssen diese mittels Umleitungen hintereinandergeschaltet
werden. Diese Umleitungen können indessen vermieden werden, wenn
die Schaltspule mit zwei links- und rechtsgängig gewickelten Lagen ausgebildet wird (Abb. 56). Diese Maßnahme ist besonders bei hohen Stufenzahlen am Platze, weil die Umleitungen einen beträchtlichen Zuwachs
an Schaltkosten bedingen.

Abb. 56. Links- und rechts-
gängige Schaltspule.

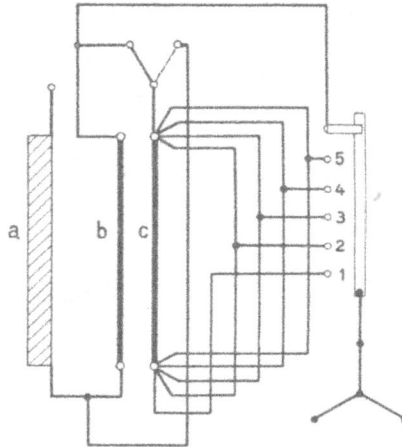

Abb. 57. Leistungstransformator mit Grobstufe (*b*) und Schaltspule (*c*).

Wird das Umlenkverfahren zur Verdoppelung des Regelbereiches
angewendet, so ist außer der Regelspule auch eine Grobstufe erforderlich.
Sie wird wie die Schaltspule als über die ganze Schenkellänge reichende
Röhrenspule ausgeführt, bildet also eine zusätzliche Lage der Schaltspule. In Abb. 57 ist eine solche Anordnung dargestellt, der das Schalt-
schema nach Abb. 3b zugrunde liegt. Grobstufe *b* und Schaltspule *c*
werden zur Erhöhung der mechanischen Festigkeit zweckmäßig unter
Zwischenfügung einer ausreichenden Isolationsschicht unmittelbar aufeinander gewickelt.

Die Schaltspule stellt zweifellos eine ideale Lösung des Festigkeits-
problems dar, vergrößert indessen die Abmessungen des Transformators
und schließt einige Spannungsprobleme ein, die im nachfolgenden Abschnitt zu behandeln sind. Für Spartransformatoren, bei denen die
Regelspule zu einer Hauptwicklung aufsteigt, ist die Schaltspule eine
Selbstverständlichkeit, da es hier kaum eine andere Wahl gibt.

2. Spannungsfestigkeit der angezapften Wicklung und des Reglers.

Wie im voraufgehenden Abschnitt gezeigt wurde, haben sich mit
Rücksicht auf die Kurzschlußfestigkeit des Wicklungsaufbaues bestimmte

Anordnungen der regelbaren Wicklung herausgebildet. Diese Bauformen haben spannungsmäßig gesehen Eigenarten, denen bei der Isolation sowohl der Wicklung als auch des Reglers selbst Rechnung zu tragen sind.

Ohne weiteres erkennbar sind die betriebsmäßig auftretenden stationären Differenzspannungen innerhalb der Regelspule und zwischen den Anzapfungen bzw. den Reglerkontakten. Auch die stationäre Spannungsdifferenz zwischen Regelspule und Stammwicklung bedarf keiner Erörterung, jedoch nur solange als die Regelspule nicht etwa wie bei den

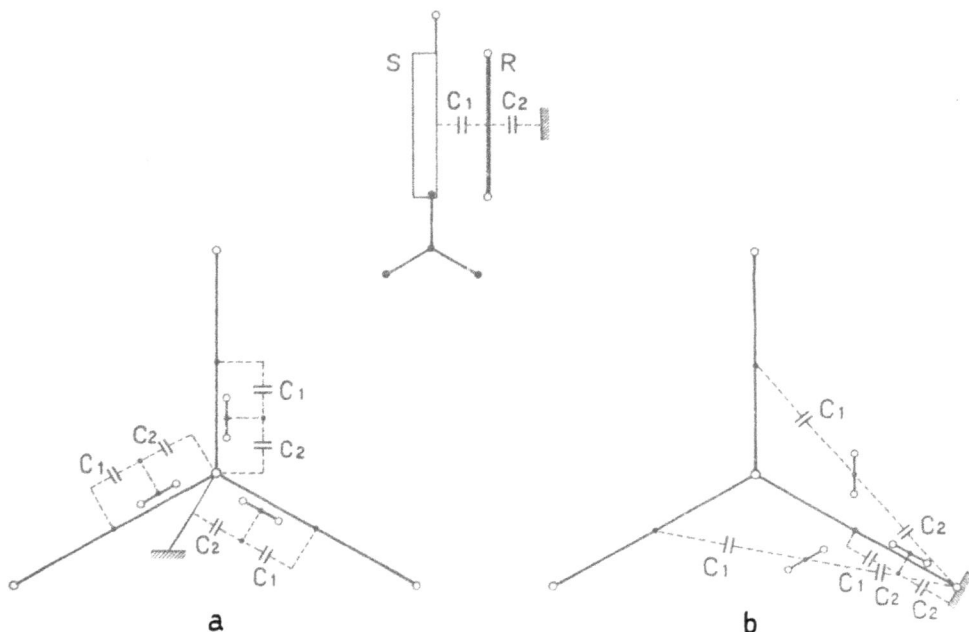

Abb. 58. Potentiale der abgetrennten Regelspule (R) bei normalem Betrieb (a) und bei Erdschluß (b) für $C_1 = C_2$.

Umkehr- oder Umlenkschaltungen vorübergehend von der Stammwicklung elektrisch getrennt wird[1]). Dann nimmt nämlich die Regelspule ein Potential an, welches von dem des Stammwicklungsendes, an das sie wahlweise angeschlossen wird, erheblich abweichen kann, so daß am Umschalter Funken oder gar Lichtbögen, die zu Teilkurzschlüssen führen, beim Umschaltvorgang auftreten. Als Beispiel möge eine in Stern geschaltete Wicklung mit Schaltspule dienen. Bei der in Abb. 58 dargestellten Anordnung nimmt die abgetrennte Schaltspule R ein mittleres Potential an, das zwischen dem mittleren der Stammwicklung und Null liegt und aus dem Verhältnis der Kapazitäten C_1 und C_2 der Schaltspule

[1]) Vgl. a. M. Schwaiger, Großtransformatoren mit Stufenregeleinrichtung, ETZ 59 (1938) H. 11, S. 281.

gegen die Stammwicklung bzw. Erde zu errechnen ist. Bezeichnen wir das mittlere Potential der Stammwicklung mit U_{Sm}, so läßt sich für das mittlere Potential der Schaltspule schreiben

$$U_{Rm} = U_{Sm}\frac{C_1}{C_1 + C_2} \quad \cdots \cdots \cdots \quad (27)$$

Dabei ist jedoch zu beachten, daß U_{Sm} keine unveränderliche Größe ist, sondern während des Betriebes Schwankungen unterworfen ist. Die beiden Grenzfälle, normaler Betrieb, bei dem der Sternpunkt Erdpotential hat und Erdschluß einer Phase, zeigen die beiden Diagramme a und b der Abb. 58. Aus ihnen wird deutlich, daß bei normalem Betrieb die Potentiale der Schaltspulen dem des Sternpunktes nahekommen, während sie im Erdschlußfalle sich nach dem Wicklungseingange der geerdeten Phase verschieben. Beim Leistungstransformator mit Sternpunktsregelung ist also der Erdschluß der für den Umschalter gefährlichste Betriebsfall. Für den Spartransformator dagegen, dessen Regelspule ja am Wicklungseingang liegt, ist schon der normale Betrieb bedenklich. Die maximalen Spannungsdifferenzen, die nach den Diagrammen am Umschalter auftreten können, erreichen beim im Sternpunkt geregelten Leistungstransformator mit $C_1 = C_2$ bereits 75% der Sternspannung.

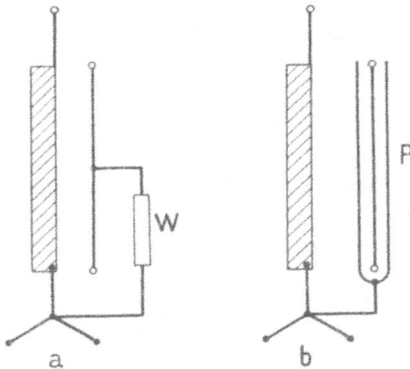

Abb. 59. Verhinderung der Potentialverlagerung der abgetrennten Regelspule.

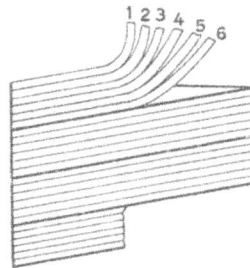

Abb. 60. Mehrgängig gewickelte Schaltspule.

Beim Spartransformator überschreiten sie unter der gleichen Annahme den Wert der Sternspannung sogar um 10%. Ähnliche Verhältnisse ergeben sich, wenn die abgetrennte Regelspule nicht als über die ganze Schenkellänge reichende Schaltspule ausgebildet ist. Es sind also stets Maßnahmen zu treffen, um derartige Potentialverlagerungen der Regelspule zu verhindern.

Hierfür stehen zwei Verfahren zu Gebote, die in Abb. 59 gegenübergestellt sind. Nach dem ersten (Abb. 59a) wird die Mitte der Regelspule mit dem zugehörigen Stammwicklungsende entweder dauernd oder mindestens für die Dauer des Umschaltvorganges über einen hochohmigen Widerstand *W* verbunden. Dieser Widerstand darf nicht zu schwach bemessen werden, da an ihm die halbe Regelspulenspannung liegt. Das andere Mittel (Abb. 59) besteht in der Abschirmung der Regelspule durch Schilde *P*, die an das entsprechende Stammwicklungsende angeschlossen sind. Wird die Regelspule nicht umgekehrt, sondern umgelenkt, so läßt sich die Grobstufe selbst für die Abschirmung verwenden, eine Lösung, die sich durch besondere Einfachheit auszeichnet.

Bei den mehrgängig gewickelten Schaltspulen treten zwischen benachbarten Drähten recht erhebliche stationäre Spannungsdifferenzen auf, wenn die einzelnen Leiter stetig hintereinander geschaltet werden, d. h. wenn in Abb. 60 der Leiter *1* die erste, der Leiter *2* die zweite Stufe usf. bildet. Wird beispielsweise die Schaltspule aus *6* gleichzeitig aufgewickelten Drähten zur Bildung von ebensoviel Stufen hergestellt, so entsteht nach jeder vollen Windung zwischen dem Leiter *6* und *1* eine stationäre Spannungsdifferenz, die *6* Stufen, also der gesamten Schaltspulenspannung entspricht, während im übrigen zwischen zwei benachbarten Drähten nur die Spannung einer Stufe auftritt. Die innere Isolation einer solchen Spule wäre nur sehr schwer zweckentsprechend auszuführen. Man wählt deshalb die Reihenfolge der hintereinander geschalteten Stufen so, daß sich zwischen benachbarten Drähten möglichst gleiche Differenzspannungen ergeben. Bei einer Stufenfolge nach folgendem Schema:

Leiterfolge	1	2	3	4	5	6
Stufenfolge	5	3	1	2	4	6

erreicht die Spannung zwischen benachbarten Leitern auf der gesamten Spulenlänge höchstens den Betrag von 2 Stufen. Durch eine mäßig verstärkte Drahtbespinnung ist die Isolationsfrage hierbei leicht zu lösen.

Wesentlich verwickelter liegen die Isolationsprobleme, die durch nicht-stationäre Spannungsvorgänge entstehen, von denen die durch atmosphärische Entladungen verursachten am gefährlichsten sind. In dieser Beziehung ist der Konstrukteur in der Hauptsache auf das Experiment mit Hilfe des Stoßgenerators und des Kathodenstrahl-Oszillographen angewiesen. Im übrigen ist die Erforschung des zeitlichen Ablaufes einer Stoßwelle im Innern des Transformators nicht eine spezielle Angelegenheit des Regeltransformators, sondern das Problem, welches heute dem gesamten Transformatorenbau seinen Stempel aufdrückt. Daß der regelbare Transformator diese Aufgabe noch erschwert, ist in Anbetracht des komplizierteren Wicklungsaufbaues leicht einzusehen.

Die Anfangsverteilung einer Stoßwelle auf die Wicklung eines Transformators ist ausschließlich durch das Verhältnis der Teilkapazitäten zwischen den Windungen, Lagen oder Spulen und deren Erdkapazität bestimmt. Beim Fehlen jeglicher Erdkapazität würde sich unter der

Voraussetzung gleicher Kapazität zwischen kontinuierlich in Reihe geschalteten Wicklungsteilen eine auf den Wicklungseingang auftreffende Stoßspannung genau geradlinig abbauen. Der Übergang vom Anfangszustand in den Endzustand, der sich nach dem Abklingen der Stoßwelle wieder einstellt, würde ohne innere Schwingungen der Wicklungsteile vor sich gehen. In diesem Falle könnte die Stoßbeanspruchung zwischen beliebigen Punkten der Wicklung durch Multiplikation der Scheitelhöhe der auftretenden Stoßwelle mit dem eingeschlossenen relativen Wicklungsanteil errechnet werden. Es ist das heutige Ziel des Transformatorenbaues durch Entwicklung von Wicklungsanordnungen, die in dem oben skizzierten Sinne schwingungsfrei sind, diesen Idealfall zu verwirklichen[1]).

Die bisher gebräuchlichen und in diesem Buche ausschließlich behandelten Wicklungsanordnungen weisen jedoch so erhebliche störende Erdkapazitäten auf, daß die Anfangsverteilung der Stoßwelle außerordentlich stark von der geradlinigen des »schwingungsfreien« Transformators abweicht. Der Übergang vom Anfangszustand in den Endzustand kann daher nur über die Ausgleichsschwingungen erreicht werden, die erstaunlich hohe Beanspruchungen zwischen benachbarten Wicklungsteilen und den Anzapfungen hervorrufen. Diesen ist nicht nur an der Wicklung selbst, sondern auch am Regelschalter Rechnung zu tragen, der mit dem Transformator elektrisch ein Ganzes bildet, dessen Stoßbeanspruchung infolgedessen durch die Eigenart der Transformatorenwicklung diktiert wird. Mit dieser Feststellung erhält der »schwingungsfreie« Transformator im Hinblick auf die Isolation bzw. die Betriebsicherheit des Regelschalters für die Stufenregelung eine doppelte Bedeutung, deren wirtschaftliche Auswirkung in nicht allzu weiter Ferne liegt.

Besonders hohe Wanderwellenbeanspuchungen erleiden die Regelspulen von Spartransformatoren, die unmittelbar in der Leitung liegen. Die Verhältnisse liegen hier ähnlich wie bei den Primärspulen der Stromwandler, weshalb man auch zu entsprechenden Abwehrmaßnahmen zu greifen hat. Stromwandler werden bekanntlich durch spannungsabhängige Widerstände überbrückt, die die Wanderwelle an der Primärwicklung vorbeileiten, wobei diese nur mit einem geringen Teilbetrag des Scheitelwertes der Welle beansprucht wird. Entsprechend den wesentlich höheren stationären Spannungsdifferenzen zwischen der zugeführten und abgehenden Leitung verwendet man für die Überbrückung von Spartransformatoren Überspannungsableiter oder Kondensatoren.

[1]) J. Biermanns, Fortschritte im Transformatorenbau, ETZ 58 (1937), H. 23, 24, 25.

VI. Grundsätzliches über die Bauart der Regelapparate.

Ein Lastregler beliebigen Schaltsystems besteht aus einer einfachen oder doppelten Kontaktbahn, deren feststehende Kontakte an die Anzapfungen des Transformators angeschlossen sind, und einer Einrichtung, die unter Last die Verbindung der einzelnen Anzapfungen mit der Ableitung herzustellen vermag. Mit Hilfe der ersteren Einrichtung kann jede der Anzapfungen für den Anschluß ausgewählt werden, sie wird daher Wähler genannt. Die Einrichtung zur Schaltung unter Last heißt Lastschalter.

Bei mittleren und kleineren Leistungen sind, wie bei einem Zellenschalter kleinerer Leistung, beide Teile des Reglers, der Wähler und der Lastschalter, zu einem konstruktiven Gebilde vereinigt, welches Lastwähler genannt wird, während bei großen Leistungen eine bauliche Trennung in Lastschalter und Wähler vorgenommen wird.

Der Lastwähler besteht gewöhnlich aus einer feststehenden geraden oder kreisförmigen, mit den Anzapfungen verbundenen Kontaktbahn, an der die Lastschaltkontakte je nach dem Regelsystem nach verschiedenen kinematischen Gesetzen entlangbewegt werden. Im weiteren Sinne kann man mit Lastwähler alle Anzapf-Regeleinrichtungen bezeichnen, bei denen alle feststehenden mit den Anzapfungen verbundenen Kontakte an den Lastschaltungen teilnehmen.

Im Gegensatz dazu schaltet bei der getrennten Anordnung nur der Lastschalter unter Last, der Wähler dagegen stromlos, aber unter Spannung. Letzterer kann daher nur seine Kontakte öffnen und schließen, wenn der Lastschalter vor dem Öffnen oder nach dem Schließen der Wählerkontakte die entsprechende Schaltung ausführt. Die Vorteile der getrennten Anordnung sind folgende:

Der Wähler kann auch bei großen Leistungen in einen Ölraum mit dem Transformator eingebaut werden, da er nicht unter Strom schaltet und daher das Öl des Transformators nicht verunreinigt. Der Wähler kann dicht an die Wicklung angebaut werden, so daß die Verbindungsleitungen mit geringen Kosten herzustellen sind.

Der Lastschalter dagegen, dessen Schaltungen das Öl verunreinigen und dessen Kontakte dem Abbrand unterworfen sind, kann an einer der Wartung bequem zugänglichen Stelle in einen vom Transformator getrennten Ölraum eingebaut werden, da er nur wenige Zuleitungen zum Wähler braucht.

Mit Rücksicht auf die größere Kompliziertheit der getrennten Anordnung wird man bei kleineren Leistungen auf diese Vorteile verzichten, weil hier mit Lastwählern einwandfreie Lösungen gefunden wurden.

Gegenwärtig kann man mit Ausnahme des Lastwählers von Voigt und Haeffner als obere Belastungsgrenze des Lastwählers 200 A und 45 kV bezeichnen. die Grenze der Leistung liegt jedoch niedriger als sie sich aus den genannten Werten errechnet.

1. Lastwähler.

a) Für Spannungsteilerschaltung.

Die für das Schaltverfahren nach Abb. 32 S. 44 am meisten angewendete Bauart des Lastwählers ist folgende:

Die Anzapfungen sind an zwei Kontaktbahnen herangeführt, deren sämtliche Kontakte mit allen Anzapfungen der Regelwicklung verbunden sind. Jeder der beiden Laufkontakte bestreicht sämtliche feststehende Kontakte seiner zugeordneten Bahn und schaltet dieselben nacheinander an die zum Spannungsteiler führende Verbindungsleitung. Die beiden Laufkontakte arbeiten nicht gleichzeitig, sondern nacheinander, damit wenigstens einer von beiden die Verbindung mit dem Netz über den Spannungsteiler aufrecht erhält. Anstatt der beiden Kontaktbahnen kann auch eine einzige mit zwei unabhängig voneinander arbeitenden Laufkontakten Verwendung finden, wobei die Laufkontakte gegeneinander für die Spannung einer Stufe isoliert sein müssen.

Die richtige Arbeitsweise der Laufkontakte erreicht man durch einen Doppelmaltesertrieb mit je einem Treiber für die beiden Kontakte. Die beiden Treiber werden um den halben Schaltwinkel einer Stufe gegeneinander versetzt, so daß die beiden Laufkontakte in gleichmäßigem Takt nacheinander ihre Schaltungen ausführen. Die Dauerstellung ist jedesmal erreicht, wenn beide Laufkontakte an dieselbe Anzapfung angeschlossen sind. Der Maltesertrieb ist insofern besonders günstig, weil er leicht mit einer Eingriffsdauer versehen werden kann, die erst den einen Laufkontakt zur Ruhe kommen läßt, ehe der andere mit seiner Bewegung beginnt. Auf diese Weise wird mit völliger Sicherheit gewährleistet, daß niemals beide Laufkontakte gleichzeitig öffnen. Die Kontakte sind sämtlich dem Abbrand unterworfen, die Beanspruchung durch Abbrand ist aber bei den Laufkontakten größer, da sie bei jeder Schaltung eine Unterbrechung zu leisten haben, während die feststehenden Kontakte nur einen Bruchteil soviel belastet werden. Je nach der Spannung werden derartige Kontaktbahnen in Luft und Öl gebaut, der Einbau in Öl dürfte jedoch überwiegen.

Die Schaltung der Abb. 32 läßt sich auch ausführen mit Hilfe einer Schaltwalze oder eines Nockenschalters bei geeigneter Bauart und Schaltung. Bei der altbekannten Schaltwalze werden alle Zuleitungen an einer oder mehreren Kontaktfingerleisten angeschlossen und die auf einer isolierenden Welle aufmontierten Walzenteile können gegeneinander isoliert und in den verschiedensten Schaltungen ausgeführt werden. Die

einzelnen Stellungen werden durch Rasten kenntlich gemacht, Schnellschaltung ist möglich. Bei höheren Spannungen entstehen mit Rücksicht
auf die Isolation neue konstruktive Aufgaben, die mit Hilfe der Kunstharz-Preßstoffe zu lösen sind. In Deutschland werden die Schaltwalzen
selten angewendet. Das Letztgesagte gilt auch für die Nockenschalter,
bestehend aus einer Reihe von auf einer Welle befestigten Anschlagnocken, zu denen je ein Hebelschalter gehört. Die Nocken sind so gegeneinander versetzt, daß die richtige Schaltung gewährleistet wird. Selbstverständlich dürfen auch hier nicht gleichzeitig beide Zuleitungen zum
Spannungsteiler unterbrochen oder zwei Anzapfungen gleichzeitig an
dasselbe Ende angeschlossen werden. Um dies zu verhindern, öffnet man
am besten die Kontakte durch die Nockenanschläge und schließt durch
Schaltfedern, welche zugleich den jeweils erforderlichen Kontaktdruck erzeugen, oder man führt das Öffnen und Schließen zwangsläufig mit einer
in beiden Richtungen wirkenden Kurvenscheibe aus. Auch hier ist jeder
Stufenschalter ein Lastschalter und die Kontakte sind Hammer- oder
Wälzkontakte. Diese haben den Vorteil, daß die Abbrandstelle nicht
mit der Dauerkontaktstelle zusammenfällt. Die Nockenschalter können
je nach den Spannungs- und Leistungsverhältnissen in Luft oder unter
Öl arbeiten.

b) Lastwähler mit induktionsfreien Widerständen.

Der Lastwähler für kleine und mittlere Leistungen kommt der
Bauart des bekannten Zellenschalters am nächsten, besonders wenn
es sich um Niederspannung handelt, deren Regelung in den letzten
Jahren durch Einführung der elektrischen Herde und Heizeinrichtungen
auf dem Lande in zahlreichen Überlandzentralen ein dringendes Be-
dürfnis geworden ist.

Die Niederspannungskleinregler wurden bis vor wenigen
Jahren fast ausschließlich zum Regeln von Gleichrichtern und für Laboratoriumszwecke verwandt und im Innenraum aufgestellt, und es genügte
meist eine Betätigung von Hand. Für Überlandzentralen werden dagegen
Regler für Freiluftaufstellung, am besten für Anbringung an Masten mit
völlig selbsttätigem Antrieb verlangt. Es kommt bei diesen Regeleinrichtungen vor allen Dingen auf völlige Betriebssicherheit an, da auf dem
Lande kein geschultes Personal zur Verfügung steht.

Zwei Sondergebiete sollen hier nicht unerwähnt bleiben. Während
man früher die Bühnenregelung mittels Regelkontaktbahnen mit Widerständen ausführte, die infolge des schlechten Wirkungsgrades einen
großen Leistungsverbrauch haben, nimmt man jetzt feinstufige Regeltransformatoren mit Widerständen. Ferner hat sich das Gebiet der
Verdunkelungsregler in allerletzter Zeit entwickelt, bei denen es sich
um robuste und einfache Lastschaltvorrichtungen mit wenigen Stufen
handelt.

Nachstehend werden die verschiedenen Lösungen für Niederspannungsregler zusammengestellt. Sehr häufig werden angewendet Kontaktbahnen nach Art der Zellenschalter mit zwei durch eine Widerstandsspirale verbundenen Kontakten, meist Bürsten, die nur für sehr geringe Stufenspannungen, aber beträchtliche Stromstärken geeignet sind. Die Laufkontakte werden schleichend fortbewegt, und bei der Bedienung muß daher stets beachtet werden, daß der Widerstand nicht dauernd eingeschaltet bleibt. Die Kontaktbahnen können kreisförmig oder gestreckt ausgebildet sein, die Widerstände werden auch beiderseitig angeordnet. Die Fortbewegung der Laufkontakte geschieht bei der gestreckten Kontaktbahn durch eine Spindel, bei der kreisförmigen Bahn werden dieselben um eine Achse drehbar angeordnet.

Der Antrieb der kreisförmigen Kontaktbahn geschieht mit Vorteil über einen Maltesertrieb. Die Malteserkurbel kann alsdann für jede Stufenschaltung eine Umdrehung machen und in der Ruhestellung entweder nach abwärts hängen oder eine Raste haben, so daß diese Stellung für den Bedienenden deutlich kenntlich gemacht wird. Eine weitere Verbesserung läßt sich erzielen durch Verbinden des Maltesertriebes mit einer Schnellschaltevorrichtung, bei der der Eingriff des Maltesertriebes stets während des Entladens der Schaltfeder vorgenommen wird.

Die Klotz- und Bürstenkontakte haben eine große Reibung. Daher verwendet man auch Rollenkontakte, die auf klotzartigen feststehenden Kontakten laufen und erzielt dadurch einen sehr leichten Gang der Regeleinrichtung. Die Rollen haben den weiteren Vorteil, daß sie auf dem ganzen Umfang abbrennen und daß die durch den Abbrand verursachten Oberflächenrauheiten den leichten Gang nicht hindern. Solche leichtgehenden Rollenkontakte sind besonders bei Verwendung von Schnellschaltvorrichtungen von Vorteil.

Eine sehr feinstufige Regelung erzielt man mit einer blank gemachten Zone auf der Spulenwicklung als Kontaktbahn, auf der die beweglichen Kontakte unmittelbar schleifen. Da eine Windung einer Stufe entspricht, so ist bei einem bestimmten Kraftlinienfluß die Stufenspannung bestimmt. Derartige Regler werden für mittelbares und für unmittelbares Regeln des Laststromes, also auch bei reinen Spartransformatoren, verwendet. Die Kontakte können als Kohle- und Kupferrollen ausgebildet werden, wobei der Widerstand der Kohlerollen als Überschaltwiderstand ausreichend ist, wenn es sich um genügend kleine Spannungen und Ströme handelt. Für größere Stromstärken wählt man Kupferrollen mit besonderen Widerständen, die für Dauerstrom geeignet sein müssen, da ein stufenweises Schalten mit Rücksicht auf die Kleinheit der Stufen schwierig und nicht üblich ist und die Kontakteinrichtung daher in jeder beliebigen Stellung stehen bleibt. Die Laufkontakte werden bei kreisförmiger Kontaktbahn und ringförmigem Eisenkörper an einer Achse drehbar befestigt, bei gestreckter Kontaktbahn und geraden Schenkeln für die Regelspulen geschieht die Verstellung der Kontakte durch Spindeln oder Kettentriebe.

Bei Kupferrollen würde ohne besondere Maßnahmen ein Kurzschluß zwischen benachbarten Windungen eintreten, wenn eine Rolle zwei Windungen gleichzeitig berührt. Es ist daher nötig, diesen Kurzschluß durch zwischengeschaltete Widerstände zu verhindern. Die Widerstände können entweder zwischen die Windungen selbst geschaltet werden, indem man zwei gleichlaufende Wicklungen aufbringt und das Ende derselben über Widerstände mit der abgehenden konstanten Spannung verbindet, oder man verwendet für benachbarte Windungen zwei verschiedene Kontakte und trennt dieselben durch Widerstände.

Das Gebiet der Kleinregler ist damit noch nicht erschöpft. Für Sonderfälle und bei kleinen Stufenzahlen gibt es zahlreiche Ausführungsarten in Schaltwalzenform, als Nockenschalter oder aus einzelnen Schützen zusammengestellt. Ferner baut man Kleinregler mit Kontakteinrichtungen für kleine Leistungen oder zum Schalten einzelner Stufen mittels spannungsabhängiger Zugmagnete. Sie alle zu beschreiben, würde hier zu weit führen..

Lastwähler für Hochspannung werden bis zu beträchtlichen Leistungen und Spannungen gebaut. Die Luftausführung kommt meist nur bei vorhandenen Transformatoren mit herausgeführten Anzapfungen in Betracht und wird nur für Innenraumaufstellung gebaut[1]). Im allgemeinen zieht man die mit dem Transformator zusammengebauten unter Öl arbeitenden Lastwähler vor.

Nach der Bauart der Kontakteinrichtungen kann man zwei Gruppen unterscheiden. Die eine entspricht dem Schaltverfahren nach Abb. 42 und hat eine Laufkontakteinrichtung, bei der die Widerstände mit den Haupt- und Widerstandskontakten zu einem starren Ganzen vereinigt sind[2]). Die andere nach dem Schaltverfahren der Abb. 43 hat mit den Widerständen zusammengebaute Widerstandskontakte, die sich nach einem anderen kinematischen Gesetz bewegen, als die besonders gelagerten Hauptkontakte[3]).

Diese Lastwähler werden gewöhnlich mit einer Schnellschaltevorrichtung oder mit einem solchen Antrieb ausgerüstet, der einer Schnellschaltung möglichst nahe kommt. Da die Überschaltwiderstände auf einem beweglichen Bauteil aufmontiert sind, so müssen sie möglichst klein gehalten werden; daher ist die Schnellschaltung Bedingung, wenn es sich nicht um kleinste Leistungen handelt. Die Ausführung hat besonders bei getrenntem Antrieb von Haupt- und Widerstandskontakten zu sehr interessanten Lösungen geführt und wird in den entsprechenden Ausführungsbeispielen des Abschnittes VIII ausführlich behandelt.

[1]). Bölte, AEG-Mitt. 1934 S. 83, Hayn, SW-Mitt. 1932 S. 30.
[2]) Bölte, AEG-Mitt. 1934 S. 83, Haag & Schwenk, ETZ 54 (1933) S. 199.
[3]) Jansen, ETZ 58 (1937) S. 874.

2. Lastschalter.

Der Lastschalter dient im Zusammenarbeiten mit dem Stufenwähler zur Ausführung aller Schaltungen, bei denen der Strom unterbrochen und geschlossen wird. Man kann zwei Gruppen von Lastschaltern unterscheiden. Zur ersten gehören alle Lastschalter, bestehend aus mehreren einzelnen Kontaktvorrichtungen, die in bestimmtem Takt und abwechselnd mit den Wählern zusammenarbeiten, deren Kontakte daher in Ab-

Abb. 61. Lastschalter im Seitengehäuse mit Antrieb (AEG) bei Spannungsteilerschaltung.

hängigkeit von dem den Wähler und Lastschalter gemeinsam antreibenden Gestänge durch mechanische Steuervorrichtungen in bestimmter Schaltfolge geöffnet und geschlossen werden.

Die zweite Gruppe umfaßt die den ganzen Schaltvorgang einer Stufe in einem Zuge vollziehenden Lastschalter. Bei diesen wählt der Wähler vor der Lastschaltung die einzuschaltende Anzapfung und verbleibt während der Lastschaltung unbeweglich in der eingenommenen

Schaltstellung. Ist die Lastschaltung vollendet, so kann der Wähler die nächste Anzapfung wählen. Diese Lastschalter haben eine komplizierte, aus mehreren Kontakten und Gelenken bestehende Schalteinrichtung mit zwei End- sowie mehreren Zwischenstellungen, letztgenannte für die Schaltung der Widerstände.

a) Für Spannungsteilerschaltung.

Diese werden bei den Schaltverfahren der Abb. 34 und 35 Seite 46 als Nockenhebelschalter[1]) ausgebildet, die meist einen Abbrennkontakt erhalten, so daß der Hauptkontakt unberührt vom Abbrand bleibt. Bei außergewöhnlich großer Schaltleistung oder Schalthäufigkeit der Lastschalter versieht man die Abbrennkontakte mit einem Belag aus einer Wolf-

Abb. 62. Lauflastschalter auf Durchführung (SSW) bei Spannungsteilerschaltung.

ram-Kupferlegierung. Wo die Schaltgeschwindigkeit sich als zu klein erwiesen hat, ist man neuerdings bisweilen dazu übergegangen, den Öffnungsvorgang der Schaltkontakte unter der Einwirkung einer Schnellschaltevorrichtung vorzunehmen[2]). Abb. 61 zeigt einen Nockenschalter ohne Schnellschaltung. Die mit den Nocken versehene Steuerwelle macht

[1]) wie Fußnote [2]) der Seite 47.
[2]) Vgl. Abb. 110.

eine Umdrehung für jeden Schaltvorgang, und die richtige Reihenfolge der einzelnen Schaltvorgänge wird durch die Form und Lage der an den Nocken befindlichen Steuerkurven gewährleistet.

Das Bild stellt die sechs Lastschalter für drei Phasen dar, welche in einem seitlichen Ölraum am Transformatorgehäuse auf die Trennwand durchdringende Durchführungsisolatoren aufgebaut sind. Die Antriebsstangen werden durch Kurvenscheiben (im Bilde links) vom Motorantrieb aus gesteuert, und zwar stets die korrespondierenden Schalter der drei Phasen durch eine gemeinsame Steuerwelle. Da das Gehäuse an Erde liegt, muß das Öl für die Netzspannung isolieren.

Der Lastschalter der Abb. 62 der Siemens-Schuckert-Werke[1]) für 600 A bis 30 kV »Lauflastschalter« genannt, weicht wesentlich von den Nockenlastschaltern ab, da er eine Drehbewegung ausführt und mit seinem Schaltmesser an im Kreise angeordneten feststehenden Kontakten entlangläuft. Durch das mit einer größeren Zahl von Zwischenstellungen ausgerüstete Schaltverfahren (Abb. 36) ist hier erreicht, daß in den Dauerstellungen des Lastschalters der Laststrom nicht über die beiden Hälften der Überschaltdrossel verläuft und daher der Ohmsche Spannungsabfall in den Dauerstellungen entfällt.

b) Lastschalter mit induktionsfreien Widerständen.

Bei den älteren Lastreglern wurden, ehe die Schnellschaltung sich einführte, Lastschalter verwendet, deren Bauart den Lastschaltern bei der Spannungsteilerschaltung mit induktiven Widerständen ähnlich war. Der Lastschalter einer Phase bestand aus mehreren Einzelkontakten, die durch eine gemeinsame Steuerwalze mit Anschlagnocken gesteuert wurde. Die Steuerwelle für die Lastschaltkontakte drehte sich gleichzeitig mit der Wählerwelle, und während die Kontakte des Wählers sich schleichend vorwärts bewegten und dadurch die Schaltung der beweglichen Kontakte desselben gegenüber den feststehenden mit den Anzapfungen verbundenen Kontakten sich veränderte, wurden zu den gegebenen Zeitpunkten die Lastschaltkontakte so geöffnet und geschlossen, daß die Stufenwählerkontakte kein Öffnen und Schließen des Stromes unter Last zu übernehmen hatten. Sobald Lastschalter und Wähler die neue Dauerstellung erreicht hatten, wurde der Antrieb stillgesetzt. Die Lastschalterkontakte lassen sich natürlich auch auf andere Weise steuern als durch eine Nockensteuerwalze, beispielsweise durch eine schaltwalzenartige Kontakteinrichtung. Bei einer derartigen Ausbildung des Lastschalters sind aber stets folgende Merkmale vorhanden:

Die Lastschalterkontakte führen verschiedene Schaltungen aus, und zwischen diesen einzelnen Schaltungen wird der Wähler verstellt, so daß der Schaltvorgang einer Stufe sich aus einer Reihe von

[1]) Siehe Fußnote [1]) Seite 48.

Einzelschaltungen zusammensetzt, die abwechselnd durch den Lastschalter und Wähler ausgeführt werden. Durch die Lage und Steilheit
der Steuerkurven für die Lastschaltkontakte kann der richtige Zeitpunkt und die richtige Schaltgeschwindigkeit für die Lastschaltung festgelegt werden. Bei der schleichenden Bewegung des Antriebes ist es unvermeidlich, daß die Überschaltwiderstände eine gewisse Zeit eingeschaltet werden, die einen beträchtlichen Teil einer Sekunde ausmachen kann.
Derartige Lastschalter unterscheiden sich grundsätzlich von denen bei
induktiven Überschaltwiderständen nur durch die Schaltfolge.

Das Schaltverfahren der AEG. Abb. 40 wird mit solchen Lastschaltern ausgeführt. Die Steuerung der drei einzelnen Schalthebel wird durch
eine gemeinsame Nockenwelle vorgenommen, die mit der Transport-
spindel des Stufenwählers gekuppelt ist. Aus der Abbildung ist zu erkennen, bei welchen Stellungen des Stufenwählers die einzelnen Schalter
geöffnet und geschlossen werden.

Der Lastschalter Abb. 63 der Brown, Boveri u. Co.[1]) weicht insofern
hiervon ab, als er auf das Gehäuse des Transformators aufgebaut und
von einer Porzellan-Durchführung getragen wird, durch deren Inneres
die Antriebswelle und die Verbindungsleitungen zum Stufenwähler gehen.
Bei dieser Bauart kann die Isolation gegen Erde für beliebige Spannungen
ausgeführt werden.

Ein neues Moment kam in die Entwicklung der Lastschalter durch
die von Dr. Jansen eingeführte Schnellschaltung. Hierzu war eine
Schaltfolge notwendig, bei der unter Stillstand des Wählers der ganze
Lastschaltvorgang einer Stufe in einem Zuge und im Bruchteil einer
Sekunde zu Ende geführt werden kann. Das war möglich mit einem
Wähler mit zwei Kontaktbahnen nach den Schaltverfahren der Abb. 42
und 43, bei denen immer nur eine Kontaktbahn stromdurchflossen ist
und der Lastschalter den Laststrom abwechselnd über die eine und die
andere leitet.

Für die Bauart derartiger Lastschalter sind mancherlei Lösungen
gefunden worden. Anfangs legte man die Speicherung der zur Schnellschaltung erforderlichen Arbeit in den Antrieb und verwendete eine
Schaltfeder oder auch ein Fallgewicht. Später ging man fast ausschließlich dazu über, die Schnellschaltfeder, auch Kraftspeicher genannt, mit
dem Lastschalter zusammenzubauen. Dies hat mit Rücksicht auf die
unter Schnellschaltung zu bewegenden Massen beträchtliche Vorzüge,
da die Gestänge zwischen Antrieb und Lastschalter meist größere Längen
haben und durch Stopfbuchsen geleitet werden müssen. Dabei ergeben
sich, wenn die Schnellschaltung vom Antrieb aus vorgenommen wird,
größere Reibungswiderstände und Beschleunigungsmassen, durch die die
Wirkungsweise erschwert wird. Bei Anordnung der Schaltfeder im Last-

[1]) Näheres s. Bollmann, BBC-Nachr. 23 (1936) S. 62.

schalter selbst ist nur der eigentliche Schaltmechanismus zu beschleunigen, und die Energie der Feder und die Stöße bei Beendigung des Schalthubes werden auf einen Bruchteil vermindert.

Die Schnellschaltung ist so auszubilden, daß der einmal begonnene Lastschaltvorgang schnell und sicher zu Ende geführt wird, auch wenn bei Beginn der Lastschaltung die Antriebsvorrichtung stehen bleibt. Die Lastschalter müssen besonders sorgfältig gegen die Wirkungen der Stöße geschützt werden, indem man die

Abb. 63. Lastschalter (BBC) bei Überschaltwiderständen.

Abb. 64. Angebaute Ölschalter als Lastschalter
(AEG) bei Überschaltwiderständen.

Schrauben gut sichert und für die den Stößen ausgesetzten Bauteile Werkstoffe mit ausreichender Festigkeit wählt. Ferner müssen die unter Schnellschaltung stehenden beweglichen Teile möglichst geringe Maße erhalten, damit die zu beschleunigenden und zu verzögernden Teile kleine Bewegungsenergie haben.

Nachstehend sind einige Bilder aus der Entwicklung der Last-Schnellschalter der AEG. nach Dr. Jansen zusammengestellt. Abb. 64

zeigt die Anordnung eines Antriebes mit eingebautem Kraftspeicher, der über ein Gestänge mittels Schnellschaltung drei Ölkesselschalter antreibt. Die senkrechte zu den Ölschaltern führende Stange an der rechten Seite des Bildes macht die Schnellschaltung mit, während die schräg nach links oben führende Welle den Stufenwähler schleichend antreibt.

Abb. 65. Lastschalter im Seitengehäuse mit Schnellschaltevorrichtung bei Überschaltwiderständen (AEG).

Abb. 65 stellt drei Lastschalter in einem seitlichen am Transformator angebauten Ölbehälter dar, die auf Durchführungen montiert sind. Die Schaltfeder liegt hier bereits in dem Ölbehälter des Lastschalters (auf dem Bilde links) und ist in einen Topf eingebaut. Die drei Schaltstangen für die drei Phasen werden durch eine gemeinsame Steuerwelle angetrieben, und das Gestänge bewegt sich hin und her, hat also genau wie der Lastschalter selbst zwei Endstellungen. In jeder dieser beiden Stellungen ist eine Wählerhälfte angeschlossen und während des Schalthubes werden die Zwischenstellungen unter Zwischenschaltung der Widerstände durchlaufen. Die Widerstände befinden sich in dem gemeinsamen Ölraum mit dem Lastschalter oberhalb desselben.

Die Entwicklung hat schließlich zu einer bei fast allen beteiligten Firmen einheitlichen Bauart des Lastschalters mit getrenntem Wähler geführt, die in Abb. 66 (Bauart AEG.) dargestellt ist. Die nicht im

Bild enthaltene unterhalb des Lastschalters liegende senkrechte Antriebswelle und Kurbel treibt ein Gleitstück an, an dem die unteren
Enden der Schaltfeder befestigt sind, während die oberen Enden derselben an dem mittleren Glied eines Doppelkniehebels angelenkt sind.
Die durch das mittlere Glied verbundenen beiden Außenglieder des Doppelkniehebels tragen die beweglichen Teile der beiden Kontakteinrichtungen. Auf dem Bild ist das Hebelsystem nach rechts durchgeknickt und
schließt die rechten Kontakte. Bewegt sich das von der Kurbel angetriebene Gleitstück unter Spannung der Feder nach links, so stößt es gegen

Abb. 66. Moderner Schnellschalter mit Überschaltwiderständen (AEG).

den geöffneten Kontakthebel, bringt das Kniegelenk zum Zusammen-
brechen und stellt dieselbe Schaltung am linken Kontakt her, die vorher
am rechten bestand. Während des unter Schnellschaltung vor sich
gehenden Überlaufs der Hebel werden die Zwischenstellungen der Abb. 42
durchlaufen. Im Hintergrund ist der Widerstand der linken Kontakthälfte mit seinen Anschlußleitungen zu sehen, während der vordere
Widerstand abgenommen ist. Diese Lastschalter werden gewöhnlich
mit Gehäuse auf die Durchführungen gesetzt und gegen das Gehäuse für
eine Stufe isoliert. Sie sind für die höchsten Spannungen geeignet und bei
den größten Leistungen im Gebrauch.

Die Lastschalter werden je nach Spannung und Leistung in Luft
oder Öl verwendet, für größere und große Leistungen jedoch fast ausschließlich in Öl. Die neuerdings zur Anwendung kommende Füllung von
Transformatoren mit unbrennbarem Öl (Pyranol oder Clophen) wird

voraussichtlich auch auf Regeltransformatoren erstreckt werden. Da Lastschaltungen in diesen Flüssigkeiten unzulässig sind, müßten die Lastschalter in solchen Fällen in mit Luft oder Mineralöl gefüllten Gehäusen untergebracht werden.

Die Schaltleistung ist abhängig von der Stufenspannung, dem Vollaststrom des Netzes und dem Ohmwert des Überschaltwiderstandes. Der Abrand der Kontakte vergrößert sich mit der Schaltleistung, ferner hängt er ab von dem den Lastschalter umgebenden Mittel (Luft oder Öl), von der Schaltgeschwindigkeit der Kontakte und der Schaltfolge des Lastschalters.

Der sich aus der Netzbelastung ergebende Phasenverschiebungswinkel ist ohne Einfluß auf den Lastschaltvorgang, weil die zu bewältigenden Teilspannungen nur von den Überschaltwiderständen abhängen und daher bei induktionsfreien Widerständen in Phase mit dem Strom liegen. Die Widerstände werden so gewählt, daß die während des Lastschaltens auftretenden Teilspannungen bei Vollast etwa die Größenordnung einer Stufe haben. Infolge der induktionsfreien Schaltung tritt eine möglichst geringe Abbrandwirkung des Stromes ein, und bei dem geringen prozentualen Teilbetrag der Stufenspannung gegenüber der Gesamtspannung ist die durch den Lastschalter zu bewältigende Schaltleistung verhältnismäßig klein. Ein Regeltransformator von 30 000 kVA mit 1,5prozentigen Stufen hat beispielsweise eine Schaltleistung von 150 kVA je Stufe und Phase.

Allerdings muß berücksichtigt werden, daß der Regler, genau wie der Transformator, einen Kurzschluß aushalten muß, der bei Leistungstransformatoren bis über den 20fachen Betrag des Normalstromes gehen kann, während er bei Spartransformatoren gemäß den Bestimmungen des VDE auf den 30fachen Betrag begrenzt wird. Gesetzt den allerdings sehr unwahrscheinlichen Fall, daß gerade während des Schaltens einer Stufe ein Kurzschluß eintritt, so müßten auch die Überschaltwiderstände und die Kontakte diese Schaltleistung bewältigen oder es müßten Mittel vorgesehen werden, die das Arbeiten des Lastschalters während eines Kurzschlusses verhindern. Stets muß aber der Lastschalter so gebaut sein, daß er in der Ruhestellung, also bei eingeschaltetem Hauptkontakt, dieselben Über- und Kurzschlußströme verträgt, wie der Transformator selbst.

Die Isolation des Lastschalters ist mit Rücksicht auf die Stufenspannung und die zwischen den angeschlossenen Anzapfungen mögliche Stoßspannung zu bemessen. Dies gilt für die Isolation zwischen den Kontakten und den Überschaltwiderständen der gleichen Phase. Dagegen ist zwischen Lastschalter und Erde die volle Isolation vorzusehen, die sich aus der Betriebspannung ergibt. Eine Ausnahme hiervon kann gemacht werden, wenn der Lastschalter an einem voll geerdeten Nullpunkt liegt, was aber in Deutschland nicht üblich ist.

3. Kontakte des Lastschalters.

Die Lastschalterkontakte werden der Einwirkung des Lichtbogens und damit dem Abbrand unterworfen. Eine Ausnahme machen die mit Vorkontakten versehenen Lastschalterkontakte, bei denen nur die Vorkontakte dem Abbrand unterworfen sind. Die Widerstandskontakte sind, wenn die Widerstände nur während des Überschaltens Strom führen, in den Dauerstellungen stromlos und brauchen daher auch keine Vorkontakte.

Die Art der in jedem Fall zur Anwendung kommenden Kontakte hängt von dem Schaltsystem und der Größe der Schaltleistung ab. Man kann wohl sagen, daß bei Lastschaltern schon alle Arten von Kontakten zur Anwendung gekommen sind. Es ergibt sich folgende Übersicht:

Rollenkontakte aus Kohle oder Kupfer, auf kollektorartiger kreisförmiger oder gestreckter Kontaktbahn laufend. Der Vorteil derselben ist ein geringer mechanischer Widerstand und daher geringer Bedarf an Antriebskraft. Die Kohlekontaktrollen werden zugleich als Überschaltwiderstand verwendet und sind besonders geeignet bei Luftkontaktbahnen. Die Ölbeständigkeit der Kohle ist ein z. Z. noch nicht völlig gelöstes Problem, daher ist Kohle unter Öl mit Vorsicht anzuwenden. Kupferrollen dagegen erfordern besondere Überschaltwiderstände, sind aber für größere Stromstärken geeignet. Rollen werden auch bei größeren Lastschaltern als Abreiß- oder Widerstandskontakte gebraucht.

Quecksilberschaltröhren, die mittels einer Anstoßvorrichtung betätigt werden, kommen in England zur Anwendung[1]. Sie haben den Vorteil der bequemen Isolation und eines geringen Reibungswiderstandes, sind daher sehr leicht zu schalten.

Bürstenkontakte haben sich bereits bei Zellenschaltern gut bewährt und werden noch jetzt zur Lastschaltung bei Anzapftransformatoren verwendet, wenn den Zellenschaltern ähnliche Schaltbedingungen vorliegen. Da die Bürste nur einwandfrei arbeitet, wenn sie keine nennenswerten Brandstellen erhält, so muß bei diesen Kontakten besonderer Wert auf eine einwandfreie Funkenentziehvorrichtung gelegt werden, besonders wenn es sich um beträchtliche Schaltleistungen handelt.

Massive Kontakte werden in neuerer Zeit zum weitaus größten Teil bei Lastschaltern angewendet. Sie haben infolge ihrer beträchtlichen Masse an den Stellen der Fußpunkte des Lichtbogens eine gute Aufnahmefähigkeit für die entwickelte Wärme, bringen den Lichtbogen schnell zum Erlöschen und haben daher einen geringen Abbrand. Die massiven Kontakte kommen in den verschiedensten Bauformen zur Anwendung. Am häufigsten dürften die bügelartigen Wälzkontakte sein, die beim Auflaufen eine Drehbewegung ausführen.

---

[1] Diggle, MVGaz. 15 (1935) S. 161, Norris, The Power Eng. 108 (1932) S. 264.

Jeder Kontakt muß nach dem Auflaufen auf den Gegenkontakt unter Federkraft stehen, damit fabrikatorische Ungenauigkeiten ausgeglichen werden und auch noch eine Kontaktgabe stattfindet, wenn bereits ein Teil der Kontaktmasse abgebrannt ist. Die unter dem Druck der Feder sich aufeinander abwälzenden Kontakte erleiden bei richtiger Bauart den Abbrand an einer anderen Stelle als da, wo sie Dauerkontakt geben. Der Wälzkontakt ist daher eine Art Vereinigung von Abbrenn- und Hauptkontakt.

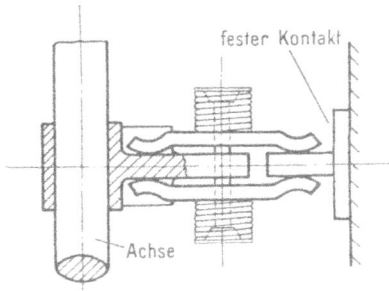

Abb. 67. Lastschaltkontakt mit Schiebebewegung.

Die Laufkontakte zur Lastschaltung bei einfachen Kontaktbahnen oder Lastwählern werden auch so ausgebildet, daß sie sich auf den feststehenden Gegenkontakt in einer Richtung senkrecht zum Kontaktdruck aufschieben (Abb. 67). Eine solche Anordnung ist aber nur für mittlere Leistungen anwendbar, weil bei großen Schaltleistungen die Gefahr besteht, daß der Kontakt beim Auflaufen infolge starker Verbrennungen hängen bleibt.

4. Überschaltwiderstände.

Da die Überschaltwiderstände gewöhnlich mit dem Lastschalter zusammengebaut werden, können sie als ein Teil desselben betrachtet werden. Sie werden mit Rücksicht auf ihre Belastung eingeteilt in solche für Dauerbelastung, für vorübergehende Einschaltung und für das Zusammenarbeiten mit einer Schnellschaltvorrichtung. Da es bei den vorübergehend eingeschalteten Widerständen, also bei Reglern ohne Schnellschaltevorrichtung, möglich ist, daß der Hand- oder Motorantrieb gerade stehen bleibt, während der Widerstand eingeschaltet ist, so ist man mit der fortschreitenden Entwicklung mehr und mehr dazu übergegangen, solche Widerstände wenigstens so zu bauen, daß sie längere Zeit vom Laststrom durchflossen werden können, oder es werden Einrichtungen vorgesehen, die bei dauernder Einschaltung der Widerstände durch irgendein Zeichen darauf aufmerksam machen, daß eingegriffen werden muß, wenn man die Zerstörung der Widerstände vermeiden will.

Widerstände für Dauerbelastung sind nur bei feinstufiger Regelung und geringen Leistungen, also bei sehr kleinen Stufenschaltleistungen, anwendbar. Die von dem Laststrom I erzeugte Wärmemenge $I^2 R$ muß dauernd abgeleitet werden, die Widerstände sind daher verhältnismäßig sehr groß auszulegen. Bringt man sie im Öl des Transformators unter, so heizen sie dasselbe, und die Abkühloberfläche des Transformators muß so viel vergrößert werden, daß sie diesen Betrag mit abführen kann. Bezüglich der Bauart der Widerstände kann man bei Einbau in Öl und Luft die gleichen Gesichtspunkte gelten lassen, wie bei gewöhnlichen Regel- und Belastungswiderständen.

Bei vorübergehender Belastung der Widerstände hängt die Bemessung derselben stark von der Ausführung der Schalteinrichtung ab. Aus dieser und den getroffenen Sicherheitsvorkehrungen gegen Stehenbleiben der Kontakte während des Überschaltens wird man Schlüsse ziehen müssen, für welche Belastungszeit die Überschaltwiderstände zu bemessen sind. Selbst wenn man derartige Widerstände aus Gründen der Sicherheit für Dauerbelastung bemißt, haben dieselben gegenüber solchen, die betriebsmäßig den Dauerstrom aushalten müssen, den Vorteil, daß der Wirkungsgrad nur in Ausnahmefällen durch den Wattverbrauch der Widerstände verschlechtert wird.

Widerstände bei Schnellschaltung stellen einen Sonderfall der vorübergehend belasteten Widerstände dar. Sie unterscheiden sich von den beiden vorhergenannten Arten dadurch, daß die Schnellschaltvorrichtung den Schaltvorgang selbsttätig beendet und die Belastung daher durch die Geschwindigkeit des Schaltvorganges festgelegt ist. Hier muß von dem Augenblick ab, in dem der Widerstand vom Laststrom durchflossen wird, der Überschaltvorgang ohne Beeinflussung durch den Antrieb lediglich durch die Schnellschaltung zu Ende geführt werden. Alsdann kann die Belastungsdauer genau ermittelt werden. Bei den üblichen Schnellschaltvorrichtungen werden die Widerstände eine Zeitlang belastet, die zwischen $1/40$ bis $1/10$ s liegt. Die Laufzeit des Motors zum Schalten einer Stufe beträgt je nach der Bauart des Reglers 1 bis 15 s. Diese ganze Zeit steht also zur Verfügung, um die während der Schnellschaltung erzeugte Wärmemenge abzuführen. Die Intermittenz für die Belastung des Widerstandes ist das Verhältnis der Belastungszeit des Widerstandes zur Laufzeit des Motors.

Wird beispielsweise der Widerstand $1/40$ s lang vom Laststrom durchflossen und der Antriebsmotor hat 4 s Laufzeit, so ist die Intermittenz des Widerstandes $1/160$. Das Wärmeableitungsvermögen braucht nur $1/160$ so groß zu sein, wie die in der Zeiteinheit im Widerstand aufgespeicherte Wärmemenge. Meist sind die Verhältnisse nun so, daß die normalen Abmessungen des Lastschalters mit angebauten Widerständen für die Ableitung der geringen Wärmemenge genügen. Der Widerstand braucht daher nur mit Rücksicht auf sein Wärmeaufnahmevermögen ausgelegt zu werden.

Die Auslegung des Widerstandes muß mit einem Sicherheitsfaktor vorgenommen werden, der mit Rücksicht auf etwa im Bereich der Möglichkeit liegende Überströme nicht zu gering angenommen werden sollte. Will man äußerste Vorsicht walten lassen, so kann man den jeweils möglichen größten Kurzschlußstrom auch für die Überschaltwiderstände zugrunde legen oder es müssen Einrichtungen getroffen werden, die ein

Schalten unter Last bei Kurzschluß verhindern. Die Auslegung für den vollen Kurzschlußstrom macht allerdings bei Spartransformatoren, deren Dauerkurzschlußstrom nach den VDE-Bestimmungen auf den 30fachen Normstrom begrenzt werden muß, oder bei Leistungstransformatoren mit einem hohen Kurzschlußstrom einige Schwierigkeiten. Die im Widerstand erzeugte Wärmemenge steigt im Quadrat mit dem Strom, bei dem 30fachen Kurzschlußstrom muß daher die 900fache Wärmemenge gegenüber einer Lastschaltung mit Vollaststrom bewältigt werden.

Die für die Berechnung der Widerstände in Betracht kommenden im Höchstfalle auftretenden Kurzschlußströme sind bisweilen infolge der Netzimpedanz des Netzes an der Stelle, wo der Regler eingebaut wird, kleiner, als sie aus der Kurzschlußspannung des Transformators errechnet werden, und ergeben daher auch kleinere Überschaltwiderstände.

Sollten sich die errechneten Widerstände infolge der Bauart des Lastschalters nicht unterbringen lassen, was besonders bei Spartransformatoren mit Rücksicht auf den dreißigfachen Kurzschlußstrom in Betracht zu ziehen ist, so kann man sich durch eine Einrichtung helfen, die die Vornahme von Lastschaltungen verhindert, sobald der Kurzschlußstrom größer ist als der zulässige Laststrom der Überschaltwiderstände. Eine solche Sperrung des Schaltvorganges kann beispielsweise erzielt werden durch Überstromrelais im durch Stromwandler übersetzten Netzstromkreis, durch deren Ansprechen der Steuerstrom des Antriebes unterbrochen wird.

Berechnung der Widerstände.

Bei der Berechnung der Widerstände sind dreierlei Werte zu ermitteln, nämlich der Ohmwert des Widerstandes, die Wärmekapazität und das Wärmeableitungsvermögen.

Die Wärmekapazität. 1 kg cal hat einen Arbeitswert von 427 mkg oder 427/75 = 5,7 PSs oder 4,2 kWs, daher entspricht 1 kWs = 0,238 kg cal. Die durch den Strom I in den Widerstand R geschickte Wärmemenge ist zu berechnen aus der Formel:

$$Q = I^2 \cdot R \cdot t \cdot 0{,}238 \; 10^{-3} \; \text{WE} \quad \ldots \ldots \quad (28)$$

Zur Errechnung des Gewichtes des aktiven Widerstandswerkstoffes ist erforderlich:

1. die spezifische Wärme desselben, die bei den üblichen Widerstandsmetallen etwa 0,1 beträgt, d. h. zur Erhöhung der Temperatur um 1° von 1 kg Widerstandsmetall ist 0,1 kg cal erforderlich.

2. die Ermittlung der zulässigen Temperatur, bis zu der der Werkstoff bei einmaliger Schaltung erwärmt werden darf. Hierbei ist zu berücksichtigen, ob die Zeit so kurz ist, daß während der Aufladung keine wesentliche Wärmemenge an die Umgebung des Widerstandsdrahtes abgegeben wird oder ob mit einer längeren Belastungszeit zu rechnen ist,

so daß die Wärmeableitung eine wesentliche Rolle spielt. Die zulässige Temperatur richtet sich nach der Isolation der Widerstände. Man wird daher eine solche Isolation wählen, die eine möglichst hohe Temperatur ohne Schaden vertragen kann. Bei Asbestisolation kann man mit der Erwärmung sehr hoch gehen. Befindet sich der Widerstand außerdem unter Öl, so wird eine schnelle Abkühlung des erhitzten Drahtes erfolgen. Als Belastungsstrom ist der Wert bei der Berechnung zugrunde zu legen, mit dem man äußerst rechnen will. Sind während des Lastschaltvorganges mehrere Zwischenstellungen vorhanden, in denen der Widerstand belastet wird, so ist für jede Zwischenstellung der Wert $I^2 \cdot R \cdot t$ zu ermitteln und die einzelnen Werte zu addieren.

Rechnet man bei kurzzeitiger Belastung nur mit Aufspeicherung der Wärme im aktiven Werkstoff, so kann man, ein erstklassiges Material vorausgesetzt, bei Zugrundelegung des Kurzschlußstromes eine Temperaturerhöhung auf 500 bis 600° zulassen. Bei dieser Temperaturzunahme und der spezifischen Wärme 0,1 hat 1 kg Werkstoff eine Aufnahmefähigkeit von 50 bis 60 kg cal.

Beispiel:

Leistung des Transformators 10000 kVA,
Spannung 27 kV ± 12% in ± 6 Stufen,
Kurzschlußspannung = 7%, daher $I_k = 14,3\, I$,
Stufenspannung $u = 314$ V (unverkettet),
Vollaststrom $I = 215$ A,
Kurzschlußstrom $I_k = 14,3 \cdot 215 = 3075$ A.

Der Lastschalter arbeitet mit Schnellschaltung, die Belastungszeit des Widerstandes sei $^1/_{20}$ s.

Der Ohmwert des Überschaltwiderstandes betrage

$$R = 314/215 = 1,46 \text{ Ohm.}$$

Wird der Widerstand beim Überschalten vom Kurzschlußstrom durchflossen, so beträgt die aufgespeicherte Wärmemenge

$$Q = \frac{I_k{}^2 \cdot R \cdot t \cdot 0,238}{1000} = 164 \text{ kg cal.}$$

Das ergibt bei 0,1 spezifischer Wärme des Widerstandswerkstoffes und 500° Temperaturerhöhung desselben

$$\frac{164}{0,1 \cdot 500} = 3,28 \text{ kg aktiven Werkstoff.}$$

Das Wärmeableitungsvermögen spielt eine wesentliche Rolle nur bei Widerständen mit Dauerbelastung oder mit einer beträchtlichen Belastungsdauer während einer Schaltung. Bei Schnellschaltung des Lastschalters ist natürlich auch dafür zu sorgen, daß die in den Widerständen aufgespeicherte Wärmemenge in den Pausen zwischen den einzelnen Lastschaltungen in reichlicher Weise abgeleitet werden kann. Die

bei einer Lastschaltung erzeugte Wärmemenge muß im ungünstigsten
Fall in der Zeit abgeleitet werden, die durch den Antrieb zur Schaltung
einer Stufe gebraucht wird. Hierbei ist aber nur die Schaltung unter
Vollast, nicht aber der Kurzschlußstrom zugrunde zu legen, denn die
mehrmalige Schaltung hintereinander bei Kurzschluß fällt außer den
Bereich der Möglichkeit. Mit Rücksicht auf die sehr mannigfaltigen
Möglichkeiten bezüglich der Bauart der Widerstände und der Lastschalter
läßt sich hier allgemein Gültiges außer den bekannten Wärmeüber-
gangszahlen nicht sagen. Im allgemeinen gelten dieselben Regeln wie
für Anlaß- und Regelwiderstände.

Der Ohmwert des Überschaltwiderstandes ist je nach der Bauart
und der Schaltfolge des Lastschalters verschieden zu wählen, stets hängt
er jedoch zusammen mit der Stufenspannung u und dem Laststrom I.
Je nach den Verhältnissen wird er innerhalb der beiden Grenzen u/I und
$u/2\,I$ liegen.

Ist der Ohmwert und das erforderliche Gewicht des aktiven Widerstandes ermittelt, so kann die Auswahl und Schaltung der Widerstands-
elemente vorgenommen werden.

5. Schnellschaltvorrichtungen.

Die Schaltgeschwindigkeit der Lastschaltung ist von Einfluß auf
den Verlauf der Spannungskurve des Netzes, die Erwärmung und Bemessung der Überschaltmittel (Spannungsteiler oder Überschaltwiderstände), den Abbrand der Lastschalterkontakte und die mechanische
Arbeitsweise des Lastschalters selbst.

Der Verlauf der Spannungskurve des Netzes ist bei einer Lastschaltung mit Schnellschaltevorrichtung ein einfacher Spannungssprung auf
die nächste Anzapfung, weil die Zwischenstellungen des Schaltvorganges
infolge der Kürze des Ablaufes sich auch bei der Beleuchtung nicht mehr
erkennen lassen. Die Erwärmung der Überschaltwiderstände wird ein
Minimum und kann nicht überschritten werden, weil die Schnellschaltung
den Schaltvorgang selbsttätig beendet. Dieser Umstand ist allerdings
bei Spannungsteilerschaltung von geringerer Bedeutung, weil der Spannungsteiler mit geringem Aufwand für Dauerbelastung ausgelegt werden
kann. Der Abbrand der Lastschalterkontakte wird gegenüber geringerer
Schaltgeschwindigkeit vermindert. Voraussetzung ist allerdings, daß der
Lichtbogen noch ein bis zwei Halbperioden Zeit zum Erlöschen hat, daß
also die Schaltgeschwindigkeit nicht übertrieben hoch gewählt wird.

Diesen Vorteilen steht als Nachteil die Erschwerung der Bedingungen für die Konstruktion gegenüber.

Die mechanische Arbeitsweise des Lastschalters wird durch
die Schnellschaltung wesentlich beeinflußt. Die auflaufenden Kontakte können bei unzweckmäßiger Bauart beim Auflaufen zurück-

prallen. und ein ein- oder mehrmaliges Öffnen vor dem endgültigen Schließen mit entsprechend vergrößertem Abbrand wäre die Folge. Durch Erschütterungen und Schläge tritt eine erhöhte Beanspruchung ein, die zu Brüchen und Lockerungen der Befestigungsteile führen kann. Ferner ist folgender Umstand zu beachten:

Bei starrer Verbindung zwischen Antrieb und Lastschalter können etwa auftretende unvorhergesehene Widerstände leichter überwunden werden, bei Handantrieb hat der Bedienende stets das Gefühl für den jeweils zu überwindenden Reibungswiderstand, und der Antriebsmotor hat meist genügend überschüssiges Drehmoment. Bei Zwischenschaltung eines Kraftspeichers dagegen wird mittels des Antriebes nur die Arbeit desselben aufgeladen, das Gefühl für die Reibungswiderstände des Schalters ist nicht vorhanden. Der Kraftspeicher muß daher mit großer Sicherheit ausgelegt werden, damit alle etwa auftretenden vermehrten Widerstände überwunden werden können. Einen Vorteil hat jedoch auch in dieser Hinsicht die Schnellschaltung, daß nämlich die in den bewegten Teilen aufgeladene kinetische Energie die auftretenden Hindernisse, z. B. rauhe Kontaktstellen, überwinden hilft und einen Ausgleich in der Beanspruchung herbeiführt, der bei schleichender Bewegung nicht vorhanden ist. Die durch die mechanische Beanspruchung bedingten erhöhten Ansprüche bei Schnellschaltung gegenüber der schleichenden Bewegung müssen bei der Konstruktion berücksichtigt werden und erfordern einen hochentwickelten Stand der Technik.

a) Für Spannungsteilerschaltung.

Bis vor wenigen Jahren kam man ohne Schnellschaltvorrichtungen bei der Spannungsteilerschaltung aus. Infolge des verhältnismäßig hohen Abbrandes ist man aber neuerdings teilweise dazu übergegangen, bei kleineren Leistungen eine Schnellschaltvorrichtung für den ganzen Überschaltvorgang, bei großen für die Kontakteröffnung vorzusehen.

Bei kleineren Regelschaltwerken, deren Laufkontakt unter Last die Anzapfung wählt, bereitet die Schnellschaltung des ganzen Schaltvorganges keine wesentlichen Schwierigkeiten. Das Gegenteil ist bei den großen Schaltwerken der Fall, die aus Lastschaltern und Wählern bestehen. Hier muß je nach der Art des Schaltvorganges ein- oder zweimal hintereinander erst der Lastschalter geöffnet, dann der Wähler verstellt und schließlich der Lastschalter wieder geschlossen werden. Die aus sechs oder drei Einzelvorgängen verschiedener Apparateteile bestehenden Schaltvorgänge lassen sich nur mit großer Schwierigkeit in einem Zuge ganz kurzzeitig bewältigen, weil hierbei während der einmaligen Entladung des Kraftspeichers die verschiedenen zu bewegenden Kontakt- und Getriebeteile beschleunigt und angehalten werden müssen, wobei einerseits eine sehr große Arbeitsleistung der Schaltfeder, andererseits eine hohe Beanspruchung der bewegten Teile unvermeidlich ist und der Aufwand in Hinsicht auf die zu erzielenden Vorteile sich nicht lohnt.

Man hat sich daher bei großen Regeleinrichtungen darauf beschränkt, nur das Öffnen der Kontakte unter Schnellschaltung vorzunehmen. Hierdurch wird lediglich der Abbrand der Kontakte vermindert. Übermäßige Spannungsschwankungen während des Schaltvorganges werden durch einen Spannungsteiler mit großem Luftspalt oder hoher Sättigung vermieden und der Spannungsteiler in den Dauerstellungen kurzgeschlossen.

Die Bauart eines Lastschalters mit Schnellschaltvorrichtung unterscheidet sich von der eines gewöhnlichen Lastschalters dadurch, daß eine Haltevorrichtung eingebaut wird, die den geschlossenen Kontakt so lange festhält, bis das Gestänge beim Öffnungsvorgang eine genügend große Bewegung gemacht hat. Erst dann wird die Haltevorrichtung durch einen Anschlag ausgelöst und gibt den die Lastschaltung vollziehenden Kontakt frei, der nun unter der Einwirkung einer vorher gespannten Feder zurückschnellt. Als Haltevorrichtung kann eine Klinke oder ein Kniegelenk gewählt werden. Letztes hat den Vorteil der geringeren Abnutzung[1]).

Um den ganzen Schaltvorgang unter der Einwirkung einer Schnellschaltvorrichtung zu vollziehen, muß die Arbeit des Handantriebes oder des Antriebsmotors für eine Stufenschaltung aufgespeichert und gegen das Ende des Schaltweges entladen werden. Das Speichern kann geschehen durch Anheben eines Gewichtes, Spannen einer Feder, Aufladen eines hydraulischen Akkumulators oder eines Druckluftkessels. Bei der Wahl wird man die einfachste Lösung bevorzugen und das dürfte die Schaltfeder sein. Die Schaltfeder ist an einem Ende mit dem Antrieb, am anderen mit der Kontakteinrichtung verbunden. Während des Aufziehens durch den Antrieb wird das andere Ende festgehalten. Ist der Aufzug vollendet, so wird durch den Antrieb die Verklinkung gelöst und dadurch das Federende an der Kontaktseite freigegeben. Die aufgespeicherte Energie der Feder entlädt sich und führt den Schaltvorgang aus.

b) Für Widerstandsschaltung.

Mit Rücksicht auf die thermische Entlastung der Überschaltwiderstände ist die Schnellschaltung hier bei kleineren und großen Leistungen im Laufe der letzten Jahre Allgemeingut geworden. Dies ist in hohem Maße auf die aufklärend und anfeuernd wirkende Tätigkeit von Dr. Jansen zurückzuführen, welcher selbst zahlreiche hochentwickelte Lösungen zur Ausführung gebracht hat.

Auch hier sind zwei grundsätzliche Arten der Schnellschaltung zu unterscheiden, die für Lastschalter mit hin- und hergehender Bewegung und solche für Lastwähler, bei denen sich alle feststehenden Kontakte an der Lastschaltung beteiligen, und die Schnellschaltung daher für

---

[1]) Vergl. S. 145.

die hin- und hergehenden Bewegungen aller Schaltungen zwischen mehr als zwei Schaltstellungen dienen muß.

Ein Lastschalter mit zwei Stellungen hat mit Rücksicht auf die mechanische Arbeitsweise keine Zwischenstellungen. Die beiden Stellungen sind für den mechanischen Teil Endstellungen und können feste Anschläge haben. Der Wähler wird vor oder hinter dem Lastschaltvorgang verstellt und hat daher mit diesem nichts zu tun. Wird der Lastschalter durch eine Schnellschaltvorrichtung angetrieben, so geschieht der ganze Überschaltvorgang in dem Bruchteil einer Sekunde, und alle elektrischen Zwischenstellungen, in denen ein Spannungsabfall unvermeidlich ist, finden in so kurzer Zeit statt, daß sie kein sichtbares Zucken des Lichtes zur Folge haben. Beim Licht kann sich nur der Betrag der geschalteten Stufe selbst bemerkbar machen, und wenn diese genügend klein gewählt wird, ist auch die einzelne Stufenschaltung nicht mehr wahrnehmbar. Bei einem solchen mit Schnellschaltung versehenen Lastschalter wird also Beides erreicht: ein geringer Abbrand der Lastschalterkontakte und ein ruhiges Licht im angeschlossenen Netz.

Bei dem Entwurf eines Lastschalters mit Schnellschaltung sind folgende Gesichtspunkte zu beachten:

Der begonnene Schaltvorgang muß durch die Schnellschaltung zu Ende geführt werden, sobald eine elektrische Zwischenstellung erreicht ist und der Antrieb stehen bleiben sollte. Das Schaltmittel, also gewöhnlich der Kraftspeicher, muß daher bereits beschleunigend wirken, ehe die alte Dauerstellung verlassen wird, und das vorwärtstreibende Moment der Feder muß bis zum Auflaufen der Kontakte bei Erreichung der neuen Dauerstellung vorhanden sein und die entgegenwirkenden Kontaktdrücke mit Sicherheit überwinden können.

Zur Verminderung der Schläge bei Erreichung der Endstellungen des Lastschalters sind die unter der Wirkung der Schnellschaltung stehenden Hebel usw. aus Werkstoffen von hoher Festigkeit und geringer Dichte herzustellen. Die Lockerung von Befestigungsteilen, insbesondere von Schrauben, muß durch sorgfältige Sicherung verhütet werden. Die Federn müssen bruchsicher gebaut sein, es müssen daher scharfe Knicke und durch Verwendung von scharfen Werkzeugen entstehende Kerben unbedingt vermieden werden.

Die Kontakte sind so zu gestalten, daß sie auch bei hoher Belastung während des Auflaufens nicht festbrennen können. Daher muß vom Augenblick der Kontaktberührung ab ein hoher Kontaktdruck bei geringem Übergangswiderstand vorhanden sein. Wälzkontakte können bei ungeeigneter Lage der Dreh- und Berührungspunkte zueinander beim Auflaufen sitzen bleiben und den Lastschaltvorgang unterbrechen. Dies muß durch eine zweckmäßige Anordnung verhindert werden. Es muß auch Vorsorge getroffen werden, daß die Kontakte beim Auflaufen nicht zurückprallen. Erforderlichenfalls müssen daher Dämpfungseinrichtungen oder Bremsen eingebaut werden, die gleichzeitig dafür dienen können, eine allzu große Schaltgeschwindigkeit zu verhüten. Durch Einbau des Lastschalters in Öl werden derartige Maßnahmen erleichtert, da Öl dämpfend wirkt und alle Dämpfungsmittel unter Öl sehr viel kleiner als in Luft ausfallen.

Die Schnellschaltung bei Lastwählern erstreckt sich auf soviel Schaltstellungen, als Spannungen erzielt werden sollen. Die Hauptschwierigkeit besteht darin, daß in allen Stellungen mit Ausnahme der beiden Endstellungen keine festen Anschläge vorgesehen werden dürfen, weil der Laufkontakt bei jeder Zwischenstellung in beiden Richtungen ein- und auslaufen muß. Er muß trotzdem beim Einlaufen mit genügender Sicherheit in der Haltestelle festgehalten werden. Abgesehen von diesem recht erschwerenden Moment gelten für die Konstruktion hier die gleichen Regeln wie für Lastschalter mit zwei Stellungen. Die Lösungen sehen aber doch beträchtlich anders aus und sollen mit einigen Beispielen belegt werden.

1. Eine zwischen den Antrieb und den Lastschalter geschaltete doppeltwirkende Feder wird verklinkt, aufgezogen und durch den Antrieb ausgelöst. Da zu dem beweglichen Kontaktteil auch die Widerstände gehören, so sind die beschleunigten Massen und damit die Schläge auf die Klinken recht beträchtlich. Eine äußerst kräftige Ausführung derselben ist daher Bedingung.

2. Ausführung ähnlich wie 1, jedoch mit Rasten anstatt Klinken. Es sind ebensoviel Rasten wie Schaltstellungen nötig. Durch die kräftig wirkende Rasteneinrichtung wird der bewegliche Teil bis zur genügenden Aufladung der Schaltfeder festgehalten. Durch Anheben der Rastenrolle wird die Schaltfeder zur Entladung gebracht und bewirkt das Überschnellen zur nächsten Schaltstellung.

3. Zwischen den treibenden und getriebenen Teil wird ein Maltesertrieb geschaltet[1]). Dieser hat die Eigenschaft, daß die kraftschlüssige Übersetzung nur während eines Teiles der Umdrehung des Treibers besteht, während bei dem übrigen Teil der Umdrehung die Übersetzung gesperrt ist. Die einfachste Anwendung besteht darin, daß eine Kurbel in der Dauerstellung beispielsweise nach unten hängt und zur Schaltung einer Stufe eine Umdrehung ausführen muß. Das Durchlaufen des Maltesertriebes findet in der Mitte des Schaltweges statt, wobei der bewegliche Kontaktteil mit veränderlicher Geschwindigkeit in die nächste Stellung bewegt wird und die Höchstgeschwindigkeit in der Mitte des Weges liegt. Allerdings ist dies keine eigentliche Schnellschaltung, da die Geschwindigkeit von der des Antriebes abhängig ist. Eine richtige Schnellschaltung mit Maltesertrieb stellt dagegen die folgende Anordnung dar.

4. Eine starr mit den beweglichen Kontakten verbundene Malteserscheibe wird durch eine Malteserkurbel angetrieben. Zwischen diese und

---

[1]) Vergl. S. 109.

den Antrieb ist aber noch eine durch eine Kurbel und Schaltfeder ge-
steuerte Welle zwischengeschaltet, die sowohl gegen den Antrieb als auch
gegen den Treiber des Maltesertriebes einen Totgang hat. Hierdurch
wird einerseits erreicht, daß die an der Kurbel wirkende Schaltfeder sich
frei entladen kann, wenn die Kurbel über den toten Punkt gekommen ist,
und anderseits fällt infolge des Totganges zwischen Kraftspeicher und
Maltesertreiber der Arbeitshub der sich entspannenden Feder stets mit
dem Arbeitshub des Maltesertriebes zusammen, woraus sich eine einwandfreie Schnellschaltung ergibt (Ausführung der AEG. Abb. 122[1])).

Mit den angeführten einfachsten Beispielen sind die Möglichkeiten
der konstruktiven Lösungen von Schnellschaltevorrichtungen keines-
wegs erschöpft. Die Lösungen sind auch stark von der Bauart der Kontakteinrichtung abhängig. Werden beispielsweise die Haupt- und Widerstandskontakte nicht starr miteinander verbunden, sondern nach verschiedenen Gesetzen bewegt, so ergeben sich gänzlich abweichende
Lösungen mit durch Exzenter gesteuerter Zykloidenbewegung der Kontakte (Dr. Jansen[2])). Es scheint, als ob auf diesem Gebiet noch manche
interessante Lösungen zu erwarten sind.

6. Wähler.

a) Zusammenarbeiten mit dem Lastschalter.

Der Wähler kommt nur bei Regelschaltwerken mit besonderen
Lastschaltern in Betracht. Er ist nicht mit einem Anzapfumschalter
(Umsteller) zu verwechseln und unterscheidet sich gegen diesen in fol-
genden Gesichtspunkten:

Während der Anzapfumschalter nur bei abgeschaltetem Transformator verstellt werden darf, arbeitet der Wähler unter voller Spannung. Er muß daher so ausgebildet sein, daß während der Schaltung Kurzschlüsse unbedingt vermieden werden. Auch müssen während
des Umschaltens genügende Sicherheiten gegen auftretende Überspan-
nungen vorhanden sein. Im Gegensatz zum Umschalter ist der
Wähler kein selbständiger Apparat, vielmehr ist seine Arbeitsweise abhängig von dem zugehörigen Lastschalter. Der Wähler dient zur vor-
bereitenden Einschaltung derjenigen Anzapfung, die durch den Lastschalter unter Strom gesetzt werden soll. Er schaltet daher stromlos,
seine Kontakte erleiden keinen Abbrand und das Isoliermittel Öl, in
dem er sich in den weitaus meisten Fällen befindet, wird nicht verunreinigt. Damit der Wähler nicht unter Last schalten kann, müssen
die Kontakte des Lastschalters vor dem Wähler öffnen und nach dem-
selben schließen. Die abwechselnde Arbeitsweise dieser beiden Regler-
teile geschieht gewöhnlich durch aussetzende Getriebe.

---

[1]) Bölte, AEG-Mitt. 1934 S. 83.
[2]) Siehe S. 157.

Der Wähler hat stets zwei Reihen feststehender an die Anzapfungen angeschlossener Kontakte mit je einem Laufkontakt, der die Anzapfungen nacheinander mit einem feststehenden Kontakt des Lastschalters verbindet. Die Verbindungsleitung zum Lastschalter wird von diesem stets erst stromlos gemacht, ehe der Wähler seinen Laufkontakt verstellt. Man unterscheidet Wähler, bei denen in den Dauerstellungen beide Kontaktbahnen vom Dauerstrom durchflossen werden, deren Umschaltung während einer vorübergehenden Unterbrechung des Lastschalterkontaktes vorgenommen wird, und solche, bei denen auch in den Dauerstellungen nur immer eine von beiden Kontaktbahnen vom Laststrom durchflossen wird.

Aus diesen Kennzeichen ergeben sich die Regeln für das Zusammenarbeiten mit dem Lastschalter.

Fall 1. Beide Wählerhälften werden in den Dauerstellungen belastet. Das Polardiagramm Abb. 68 gibt ein Bild von dem Zusammenarbeiten mit dem Lastschalter. Eine volle Umdrehung des dargestellten Kreislaufes umfaßt die Verstellung beider Wählerhälften. Zur Verstellung einer Hälfte dienen etwa 90° Drehung der Antriebswelle. An dem für die Lastschalter an vier Stellen des Umfanges dargestellten Schaltweg findet je nach dem Drehsinn ein Öffnen oder Schließen der Lastschalterkontakte statt. Arbeitet der Lastschalter beim Öffnen mit Schnellschaltung, so findet der eigentliche Schaltvorgang am Ende des dargestellten Schaltweges statt, während die Schließbewegung schleichend ist. Die beiden Wählerhälften schalten stets abwechselnd, und zwischen den beiden zugehörigen Wegen des Antriebes ist ein beträchtlicher Abstand vorhanden, in dem die Lastschaltungen vorgenommen werden. Ein Stillsetzen des Antriebes findet erst nach Einschalten beider Wählerhälften durch die Lastschalter statt. Das Schaltdiagramm ist umkehrbar.

Fall 2. Auch in der Dauerstellung fließt der Laststrom nur über eine Wählerhälfte, die Lastschalter arbeiten ohne Schnellschaltung (Abb. 69). Der Wähler kann gleich bei Beginn der Antriebsbewegung in der nicht vom Laststrom durchflossenen Hälfte verstellt werden. Der Antrieb kann daher in der ersten Hälfte seines Arbeitswegs den Wähler, in der zweiten Hälfte den Lastschalter antreiben. Das die eine Drehrichtung

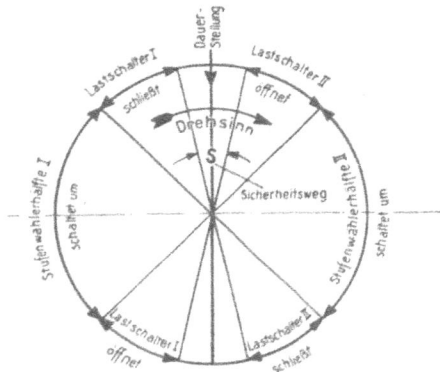

Abb. 68. Kreisdiagramm eines Reglers mit Belastung beider Stufenwählerhälften.

darstellende Diagramm Abb. 69 muß im Spiegelbild dargestellt werden, um die andere Drehrichtung zu kennzeichnen. Dies ist ohne weiteres aus dem Umstand verständlich, daß auch in der anderen Drehrichtung erst der Wähler, dann der Lastschalter arbeiten muß.

Weiter ist zu beachten, daß der Lastschalter bei dieser Schaltfolge zwischen seinen beiden Zuleitungen ständig hin- und herschaltet, daß also bei zwei Anzapfungen überhaupt kein Wähler benötigt wird, weil der Lastschalter bereits zwei feststehende Kontakte hat. Wird also der Drehsinn gegenüber der vorausgegangenen Schaltung umgekehrt, so muß die erste Stufenschaltung ohne Verstellung des Wählers vor sich gehen, und erst bei der im gleichen Drehsinn vorgenommenen zweiten

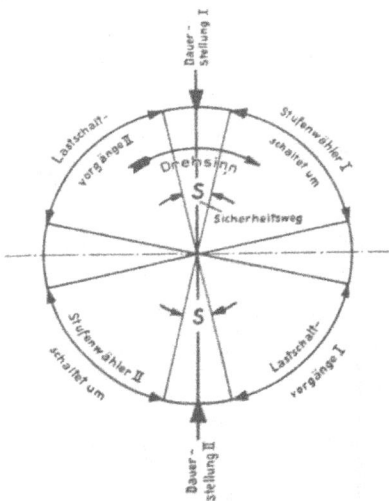

Abb. 69. Kreisdiagramm eines Reglers mit Belastung je einer Stufenwählerhälfte in den Dauerstellungen.

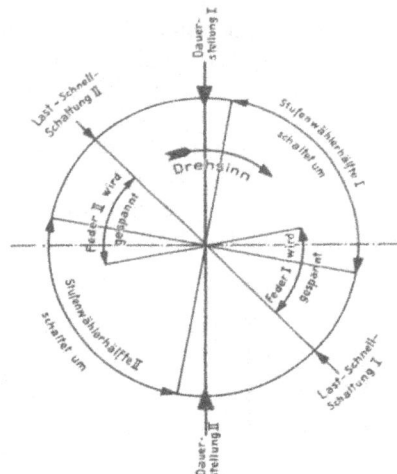

Abb. 70. Kreisdiagramm eines Reglers mit Last-Schnellschaltung und Überschaltwiderständen.

Stufenschaltung tritt wieder die normale Schaltfolge ein. Dies wird konstruktiv dadurch erreicht, daß bei Umkehrung der Drehrichtung erst einmal der Antrieb den halben Schaltweg einer Stufe zurücklegt, ehe sich die zum Regler führende Welle wieder mitbewegt. Es muß also ein Totgang von diesem Betrage eingeschaltet werden. Hierbei ergibt sich das im vorhergehenden Absatz geforderte Spiegelbild.

Fall 3. Der Dauerstrom fließt nur über eine Wählerhälfte, der Lastschalter arbeitet mit Schnellschaltung. Abb. 70 stellt das Arbeitsdiagramm dar. Hier wird die Kontakteinrichtung des Lastschalters während des Aufladens der Arbeitsfeder festgehalten, und der einmal begonnene Lastschaltvorgang geht selbsttätig zu Ende. Das hat zur Folge, daß der Augenblick der Lastschaltung bei beiden Drehrichtungen an verschiedenen Stellen des Antriebsweges liegt. Man wählt den Zeitpunkt der Lastschaltung am besten so, daß er in die Mitte des Weges fällt, der zwischen der Beendigung der Wählerverstellung und der Haltestelle des Antriebes liegt und erhält hierdurch die am besten eingeteilten Sicherheitswege. Die Arbeitswege für die Aufladung der Schaltfeder dürfen sich mit den Schaltwegen des Wählers überschneiden. Wird der Schaltweg für die Aufladung der Schaltfeder so gewählt, daß die Lastschaltung bei fester Kupplung des Lastschalters mit dem Antrieb stets in die zweite Hälfte des Schaltweges fällt, so ist zwischen den Antrieb und den Wähler ein Leergang von etwa einer halben Stufe einzuschalten, damit bei Umkehrung der Drehrichtung wieder die richtige Schaltfolge eintritt und der erste Schaltschritt ohne Verstellung des Wählers erfolgt.

b) Die Schaltungen des Wählers.

Die Schaltungen der einfachen Wähler sind in Abb. 71 dargestellt. Abb. 71 a ist ein Wähler mit zwei Kontaktbahnen, deren eine an die geradzahligen, deren andere an die ungeradzahligen Anzapfungen des Transformators angeschlossen ist. Dies ist die einfachste Form bei Reglern mit Widerstands-Lastschaltung, bei denen in den Dauerstellungen nur eine Kontakthälfte des Wählers vom Strom durchflossen wird. Die gleiche Schaltung kommt in Betracht bei Spannungsteilerschaltung nach Abb. 34.

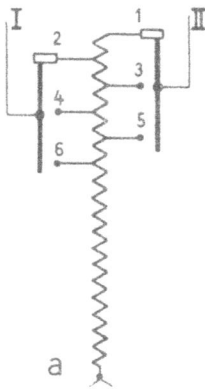

Abb. 71. Schaltungen einfacher Stufenwähler.
a bei einseitig belasteter Kontaktbahn. b bei zweiseitig belasteter Kontaktbahn.

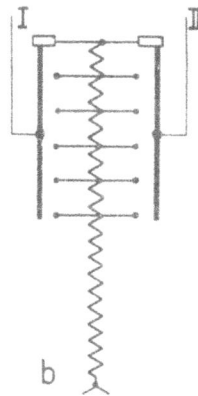

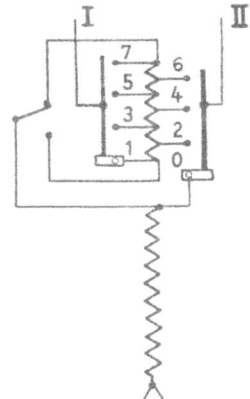

Abb. 72. Zu- und Gegenschaltung.

Schaltung Abb. 71 b unterscheidet sich gegenüber der vorhergehenden dadurch, daß beide Kontaktbahnen an sämtliche Anzapfungen angeschlossen sind. Sie kommt gewöhnlich zur Anwendung bei dem Schaltverfahren Abb. 34 der GE.

Beide Schaltungen haben die gleiche Kinematik. Zwei Maltesertriebe schalten abwechselnd nacheinander die beiden Laufkontakte der

Kontaktbahnen um einen Schritt weiter, also von der eingeschalteten auf die in der gleichen Kontaktbahn zunächstliegende Anzapfung, und zwar je nach dem Regelsinn die nächsthöhere oder -tiefere. Dabei wird die Schaltung so getroffen, daß diese beiden Anzapfungen der durch die andere Kontakthälfte eingeschalteten Anzapfung benachbart sind. Dadurch wird zwangsläufig erreicht, daß stets nur eine Stufe geschaltet werden kann.

Zu- und Gegenschaltung Abb. 72 mittels Wendewähler.

Die Regelwicklung wird durch einen Umschalthebel (Wender) einmal im gleichen, einmal im gegenläufigen Sinne wie die Hauptwicklung an diese angeschlossen, so daß die Spannung der Regelwicklung sich je nach der Schaltung addiert oder subtrahiert. Die Umschaltung wird einpolig vorgenommen, während die eingeschaltete Wählerhälfte das Netz mit Anzapfung *0* verbunden hat. Der Wender schaltet gleichzeitig mit der nicht eingeschalteten Wählerhälfte und kann auch durch diese angetrieben werden. Bei kreisförmiger Kontaktbahn kann bei dieser Schaltung der Wendewähler zweimal im gleichen Sinn durchlaufen werden, und die Umschaltung liegt in der Mitte aller Stellungen.

Die Umlenkung Abb. 73 mittels Wendewähler.

Bei dieser mittels eines gleichfalls einpoligen Wenders erfolgenden Schaltungsänderung des Wählers wird die Regelwicklung von einer Anzapfung der Hauptwicklung ab- und an eine andere angehängt, wäh-

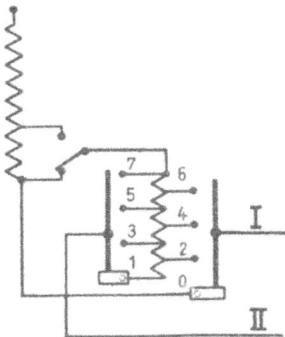

Abb. 73. Umlenkung.   Abb. 74. Mehrfach-Umlenkung.

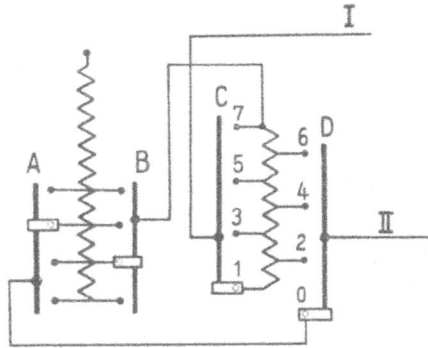

rend der Laststrom nicht über die Regelwicklung, sondern über eine dieser beiden an der Hauptwicklung befindlichen Anzapfungen verläuft. Hierdurch wird die Anzahl der erhaltenen Spannungen gegenüber der einfachen Ausnutzung der Regelwirkung verdoppelt.

Mehrfachumlenkung, auch Grob- und Feinregelung genannt. Der vorher beschriebene Schaltvorgang läßt sich vervielfachen, indem die Regelwicklung nacheinander an eine größere Anzahl von Anzapfungen der Hauptwicklung angehängt wird, wodurch jedesmal ein neuer Regelbereich erzielt wird. Diese in Abb. 74 dargestellte Schaltung weicht insofern von der einfachen Umlenkung ab, als der mit 0 bezeichnete Kontakt des Wählers auch umschaltbar gemacht werden muß. Der Umschalter (Wender) wird also hier zu einem Grobwähler mit den Kontaktbahnen A und B, deren eine, A, zur Anlegung der jeweils erreichten Anzapfung an den Kontakt 0 des Feinwählers dient, damit die Umlenkung mittels der Kontaktbahn B möglich wird, während der Laststrom über den Kontakt 0 verläuft. Daraus ergibt sich, daß nach dem jedesmaligen Durchlaufen der kreisförmig zu denkenden Kontaktbahnen C und D beispielsweise in der Richtung von Kontakt 1 nach 7 bei Erreichung der Anzapfung 7 zwischen den Kontakten 7 und 0 die Spannungsdifferenz 0 herrschen muß, damit weitergeschaltet werden kann. Dies geschieht, indem vorher der Kontakt 0 mittels der Kontaktbahn A um eine grobe Stufe verstellt worden ist, wie in der Abbildung dargestellt. Sobald der Laststrom über den Kontakt 0 verläuft, wird der Grobwähler B gleichzeitig mit dem Laufkontakt von Kontaktbahn C verstellt, so daß nun der Laststrom durch den Lastschalter von 0 auf 1 übergeschaltet werden kann.

Bei der dargestellten Schaltung sind zwischen den Kontakten 7—0 und 0—1 keine Spannungsunterschiede vorhanden und diese beiden Schaltschritte sind daher wirkungslos für die Regelung. Diese sogenannten »toten Schaltschritte« lassen sich in aktive verwandeln, indem man die Spannungsteilerspule mit den Feinstufen und die groben Stufen so verlängert, daß zwischen den Kontakten 7—0 und 0—1 je die Spannungsdifferenz einer Feinstufe herrscht. Diese Regel gilt mit sinngemäßer Abänderung für alle Schaltungen mit einpoliger Umschaltung und toten Schaltschritten während des Umschaltvorganges[1].

Netzvertauschung Abb. 75[2].

Bei Spartransformatoren werden die beiden angeschlossenen Netze über eine zweipolige Umschaltvorrichtung so mit der Durchgangswicklung in Verbindung gebracht, daß durch die Umlegung dieses Umschalters aus der einen in die andere Endstellung eine Vertauschung dieser beiden Netze vorgenommen wird. Diese Schaltung ist besonders vorteilhaft, wenn der Spartransformator zwei Netze miteinander verbindet, zwischen denen ein Leistungsfluß in beiden Richtungen stattfinden kann. Abb. 75 zeigt die Schaltung mit dem Lastschalter. Die Eigenart dieser zweipoligen Umschaltung ist, daß der Umschalter in der Mittelstellung

[1] Siehe Hochspannungsforschung und -praxis S. 74 Bild 9.
[2] Siehe auch wie [1], jedoch S. 76.

alle vier Kontakte miteinander verbindet und daher auch jeder Teil der Wicklung mit dem Umschalter fest verbunden bleibt.

Eigenartig bei der zweipoligen Umschaltung ist außerdem die Symmetrie der Schaltstellungen zu derjenigen mittleren Wählerstellung, in der die Umlegung des Umschalters vorgenommen wird. Das ist die dargestellte Schaltstellung der Wählerhälfte *I*, bei der beide Netze gleiche Spannung haben. Die Anzapfungen werden daher beim zweimaligen Durchlaufen in einem Regelsinn das zweite Mal in der umgekehrten Reihenfolge als beim ersten Male durchlaufen, während bei der einpoligen Umschaltung das zweimalige Durchlaufen in der gleichen

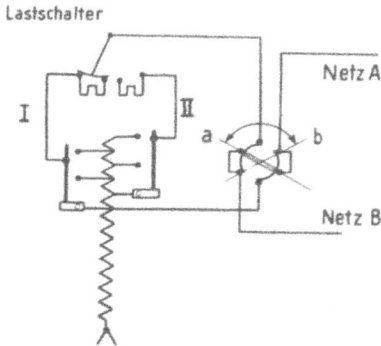

Abb. 75. Netzvertauschung bei zweipoliger Umschaltung.

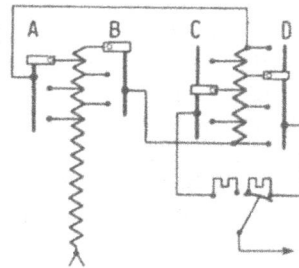

Abb. 76. Grob- und Feinregelung mit Spannungsteiler.

Reihenfolge geschieht. Bei ± 6 Stufen ergibt sich daher bei beiden Arten von Umschaltern das folgende Bild bezüglich der Reihenfolge der durchlaufenden Anzapfungen:

    1 polige Umschaltung: 1, 2, 3, 4, 5, 6, Umsch. 1, 2, 3, 4, 5, 6;

    2 polige Umschaltung: 6, 5, 4, 3, 2, 1, Umsch. 1, 2, 3, 4, 5, 6.

Spannungsteilerschaltung als Grob- und Feinregelung (Abb. 76).

Ein Spannungsteiler mit den Feinkontaktbahnen *C* und *D* teilt die zwischen zwei groben Anzapfungen der Kontaktbahnen *A* und *B* liegenden Windungen in eine entsprechende Anzahl von feinen Stufen. Ist nach dem Durchlaufen der Feinstufen das Ende des Spannungsteilers erreicht, so ist die Ableitung gleichzeitig an die betreffende Grobstufe angeschlossen, der Spannungsteiler führt also keinen Strom und kann mit dem nicht von der Stromleitung berührten Ende abgeschaltet und an die übernächste Anzapfung angeschlossen werden. Falls nunmehr in dem vorherigen Sinne weitergeregelt werden soll, werden die Anzapfungen des Spannungsteilers in der entgegengesetzten Reihenfolge als vorher durchlaufen. Diese Schaltung hat ebenso wie Schaltung Abb. 75 den Vorteil, daß die Regelwicklung beim Umschalten angelenkt bleibt.

Das Zusammenarbeiten zwischen Umschalter bzw. Grobwähler und dem eigentlichen Wähler für die einzelnen sich im Netz auswirkenden Stufen muß nach bestimmten Gesetzen vor sich gehen. Bei der einpoligen Umschaltung Abb. 72 und 73 ist ein an die Hauptwicklung angeschlossener Kontakt 0 vorgesehen, der den Laststrom führt, während der Umschalter umgelegt wird. Bei der zweipoligen Umschaltung der Abb. 75 und 76 wird der bewegliche Teil des Umschalters beim Umlegen aus der Stellung a nach Stellung b verstellt, also auf dem Bilde um 120°. Hierbei findet bekanntlich keine Abschaltung statt, vielmehr sind während der Umschaltung alle Kontakte vorübergehend miteinander verbunden. Das ist aber nur in der Stellung zulässig, in der der Laufkontakt am gleichen Ende der Wicklung steht, wie das fest an dem Umschalter angeschlossene Ende, so daß diese beiden Kontakte des Umschalters das gleiche Potential haben.

Der Umschalter bzw. der Grobwähler schaltet nur nach dem jedesmaligen Durchlaufen der Stufenwählerkontaktbahn. Die Umschaltung muß genau zum richtigen Zeitpunkt erfolgen und beendet sein, ehe durch den Lastschalter eine Änderung im Stromverlauf gegenüber der Mittelstellung eingetreten ist. Der Umschalter wird daher am besten mit dem Wähler zu einem organischen Ganzen vereinigt und durch das gleiche Gestänge angetrieben wie dieser. Wird ein getrennter Einbau von beiden vorgenommen, so muß durch zwangsläufiges Arbeiten des Antriebes dafür gesorgt werden, daß Fehlschaltungen vermieden werden. Auf keinen Fall ist es ratsam, für beide Teile getrennte Antriebsorgane vorzusehen und es der Bedienung zu überlassen, die richtige Reihenfolge der Schaltungen nach eigener Wahl vorzunehmen.

Das bisher über das Zusammenarbeiten mit dem Umschalter und Grobwähler Gesagte gilt nur für Wähler, die in den Dauerstellungen in einer Kontaktbahn den Laststrom führen. Bei Wählern mit zwei in der Dauerstellung belasteten Kontaktbahnen treten andere Verhältnisse auf, die schwieriger zu bewältigen sind und auch kaum ausgeführt worden sind. Näheres hierüber erübrigt sich daher.

c) Bauelemente des Wählers.

Während man früher auch für größere Leistungen die Wähler in Luft arbeiten ließ, hat der Übergang zu immer höheren Regelspannungen im letzten Jahrzehnt zum Zusammenbau des Reglers mit dem Transformator geführt, und der Wähler wurde in das Transformatorgehäuse eingebaut. Die Zugänglichkeit zu den Kontaktbahnen ist daher bedeutend erschwert, und oberster Grundsatz muß völlige Betriebssicherheit aller Teile sein.

Der Wählerkontakt schaltet unter Spannung, aber ohne Strom. Es muß unbedingt dafür gesorgt werden, daß eine gleichzeitige Berührung von zwei Anzapfungen vermieden wird, um ein Kurzschließen der Windungen zwischen den beiden Anzapfungen zu verhüten. Der Laufkontakt muß daher beim Überschalten genügend freien Abstand haben. Ferner muß der Auflauf auf den neuen feststehenden Kontakt ohne wesentlichen mechanischen Widerstand erfolgen, und der Kontaktdruck soll beträchtlich sein, weil der Übergangswiderstand im Laufe der Zeit durch die katalytische Wirkung des Kupfers im Öl zunimmt und die Kontaktoberfläche einen filmartigen Überzug von verseiftem Öl ansetzt. Diese Schicht kann bei genügendem Kontaktdruck und bei aufgleitender Bewegung der Kontakte in hinreichender Weise abgerieben werden. Silber hat in dieser Hinsicht bessere Eigenschaften als Kupfer, bei großen Stromstärken greift man daher zur Versilberung oder Silberplattierung der Kontakte. Auch in Luft tritt im Laufe der Zeit eine Verschlechterung des Übergangswiderstandes ein, indem die Oberfläche eine Oxydschicht ansetzt, die gleichfalls durch kräftigen Kontaktdruck beseitigt werden kann. Der eingeschaltete Wählerkontakt muß auch die über die Wicklung gehenden Kurzschlüsse aushalten, ohne abgehoben zu werden. Bei richtiger Bauart der Kontakte hat ein Kurzschluß eine Vergrößerung des Kontaktdruckes zur Folge.

Folgende Kontaktarten kommen hauptsächlich bei Wählern zur Anwendung: Bürstenkontakte, Rollenkontakte und massive Einfach- und Doppelkontakte.

Die Bürstenkontakte aus federnden Lamellen wurden bei den älteren Konstruktionen öfters verwendet, besonders bei Luftkontaktbahnen. Seit man zu der Erkenntnis gekommen ist, daß bei genügend großem Kontaktdruck die einfache Punktberührung auch für große Stromstärken genügt, ist man jedoch zu massiven Kontakten übergegangen, die gegenwärtig bei kleineren und großen Stromstärken bis 1000 A als einfach und paarweise angeordnete Bügel mit aufgleitender Bewegung fast ausschließlich zur Anwendung kommen.

Die massiven Kontakte haben den beträchtlichen Vorteil der robusten Bauart. Die stromführenden Kontaktteile sind nicht selbstfedernd, vielmehr dienen zur Erzeugung des Kontaktdruckes besondere nicht vom Strom durchflossene Stahlfedern, welche für einen gleichbleibenden Kontaktdruck sorgen und auch mit Rücksicht auf beträchtliche Überlastungen der Kontakte durch den Strom äußerst reichlich bemessen werden können. Der Rollenkontakt hat den Vorzug der geringeren Reibungsarbeit beim Auflaufen. Die Rolle wird gewöhnlich auf einem abgefederten Gestell gelagert, und der von der Rolle auf den Bolzen übergehende Strom wird durch eine Litze auf einen nicht mehr abgefederten Teil übergeleitet. Im Gegensatz zu der aufrollenden Bewegung steht die aufgleitende Bewegung des Bügelkontaktes, der zwar größere Reibungswiderstände hat, aber den Vorteil bietet, daß die Kontaktstelle mit größerer Sicherheit von dem im Laufe der Zeit sich bildenden Ölfilm oder Oxyd befreit wird. Die beliebteste Bauart des Bügelkontaktes ist

der aus zwei im Spiegelbild angeordneten Bügeln bestehende Doppel-
kontakt der Abb. 67. Derselbe ist kurzschlußfest, da die beiden je von
dem halben Strom in der gleichen Richtung durchflossenen Bügel sich
gegenseitig anziehen und daher bei Kurzschluß den Kontaktdruck erhöhen. Außerdem heben sich die beiden gleich großen und entgegenge-
setzt gerichteten Kontaktdrücke gegenseitig auf. Die Befestigungsteile
der feststehenden Gegenkontakte sind daher in der Dauerstellung entlastet und haben beim Kontaktauflauf nur die Reibungskräfte aufzunehmen.

Die Getriebeteile des Wählers. Aus den Abb. 68 bis 70 ist
die kinematische Eigenart des Wählers zu erkennen. Während der Antrieb zur Schaltung einer oder mehrerer Stufen dauernd läuft, wird
zunächst der bewegliche Kontakt der einen Kontaktbahn verstellt. Während der nun eintretenden Pause von etwa der gleichen Zeitdauer, in der
der Wähler stillsteht, wird die Lastschaltung vorgenommen. Hierdurch
wird die soeben umgeschaltete Wählerhälfte unter Strom gesetzt, und
beim Weiterlaufen des Antriebes kann nunmehr die andere Wählerhälfte
umgeschaltet werden. Je nach dem Regelsystem wiederholt sich dieser
Vorgang bei Schaltung einer Stufe ein- oder zweimal.

Ist ein Umschalter oder ein Grobwähler mit dem Wähler kom-
biniert, so müssen Mittel vorgesehen werden, damit nach dem jedesmaligen Durchlaufen der durch die Regelwicklung erzeugten Feinstufen
eine solche Umschaltung vorgenommen wird, daß durch ein Weiterlaufen des Antriebes im bisherigen Sinne die Regelung gleichfalls im
bisherigen Sinn fortgesetzt wird.

Zu einer solchen Arbeitsweise sind aussetzende Getriebeteile anzuwenden in Gestalt von Malteser-, Stern- oder aussetzenden Zahntrieben.
Diese müssen auch die Eigenschaft haben, daß der getriebene Teil während
der mechanischen Übersetzung 1 : 0 gesperrt ist, damit der vom Strom
durchflossene Laufkontakt auch durch von außen wirkende Kräfte nicht
verstellt werden kann. Der meist zur Anwendung kommende Maltesertrieb ist in Abb. 77 dargestellt. Die auf der treibenden Welle *1* befestigte
Kurbel *2* trägt die Treibrolle *3*, die bei der jedesmaligen Umdrehung
durch einen Schlitz *4* der sich um die Achse *5* drehenden Malteserscheibe *6* läuft. Hierdurch wird die Malteserscheibe und der mit ihr verbundene Laufkontakt des Wählers um den Winkel *a* gedreht. Die
Größe dieses Winkels wird bestimmt durch den gegenseitigen Abstand der festen Kontakte des Wählers. Die Eingriffsdauer der Rolle *3*
beträgt etwa 90°. Während der restlichen $3 \times 90°$ steht die Malteserscheibe still. Werden zwei um 180° gegen die Welle *1* versetzte Malteser-
scheiben angeordnet, so werden diese durch den einen Treiber nacheinander verstellt, und nach der jedesmaligen Eingriffsdauer von etwa 90°
tritt eine Pause von etwa der gleichen Dauer ein. Während des Eingriffs
der Rolle hat die Malteserscheibe eine ungleichförmige Geschwindigkeit,

die von den beiden Eingriffsenden nach der Mitte zunimmt. Die Sperrung der Malteserscheibe während der Übersetzung 1 : 0 geschieht durch den Kreisbogen 7, der sich vor die Scheibe 8 des Triebes legt, ehe der Treiber außer Eingriff kommt. Ist ein großer Abstand der Wähler-

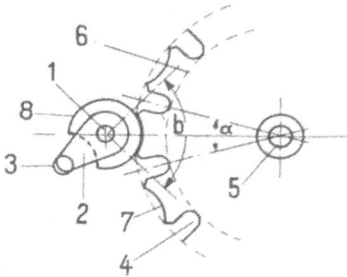

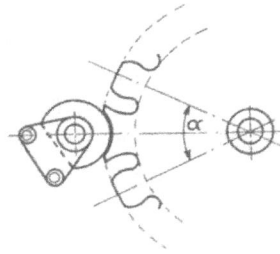

Abb. 77. Schema des Maltesertriebes.   Abb. 78. Schema des Sterntriebes.

kontakte vorhanden und nur ein kleiner Radius der Treiberrolle erwünscht, so wird mit Vorteil der Sterntrieb der Abb. 78 angewendet. Bei zwei Treibrollen hat dieser eine größere Eingriffsdauer. Ein solcher Trieb könnte auch für mehr als zwei Rollen ausgeführt werden und hat dann große Ähnlichkeit mit einer Verzahnung. Der aussetzende Zahntrieb hat nur auf einem Teil des Umfanges des treibenden Rades Zähne, die beiden Enden dieser Teilverzahnung werden gewöhnlich durch Rollen begrenzt.

Bei Vorhandensein eines Umschalters oder Grobwählers findet die Verstellung dieser zusätzlichen Teile durch eine Mitnehmerrolle oder einen Zahn an der zum Antrieb der feinen Stufen dienenden Malteserscheibe statt. Wird die grobe Verstellung mehrmals wiederholt, so wird hierfür nochmals eine Malteserscheibe erforderlich, die soviel Schlitze enthält als der Grobwähler Schaltschritte.

d) Die Isolation des Wählers.

Zwischen den spannungsführenden Kontakt- und Leiterteilen des Wählers herrschen verschiedene Spannungen. Noch größer wird der Unterschied, wenn man die im Bereiche der Möglichkeit liegenden Stoßspannungen berücksichtigt. Man hat zu unterscheiden:

Die Stufenspannung herrscht zwischen den zum Lastschalter führenden Leitungen, die durch den Wähler stets an benachbarte Anzapfungen angeschlossen werden. Je nach dem einzelnen Fall ist die Stufenspannung verkettet (bei Sternpunktsreglern) oder unverkettet (bei Einzelphasenreglern).

Die Spannung der ganzen Kontaktbahn herrscht zwischen dem ersten und letzten Kontakt derselben. Ist Grob- und Feinregelung vorhanden, so kommen für die beiden Kontaktbahnen die jeweils auftretenden Spannungen in Betracht. Je nach der Bauart des Reglers können diese Spannungen gleichfalls verkettet oder unverkettet sein.

Die Reihenspannung der geregelten Transformatorenwicklung ist maßgebend für die Isolation des Wählers gegen Erde. Für diese müssen die Isolation der Aufhängung des Wählers, die Abstände gegen das Transformatorengehäuse und die an den Regler herangeführte isolierende Antriebswelle bemessen werden.

Handelt es sich um schwingungsfreie Transformatoren, so werden die Abstände und Kriechstrecken für die Betriebs- bzw. Prüfspannung bei 50 Hz wohl auch mit Rücksicht auf die Stoßspannungen ausreichen. Im allgemeinen wird es aber notwendig sein, mit Rücksicht auf die etwa möglichen Stoßspannungen eine Vergrößerung dieser Werte eintreten zu lassen. die sich nach den Eigenschaften der jeweils angeschlossenen Wicklung richtet.

Als Werkstoff für die Isolation unter Öl ist einer der zahlreichen Kunstharz-Preßstoffe am besten geeignet. Diese haben den Vorzug, sich sehr leicht verarbeiten zu lassen und sind in Form von Platten, Rohren und Stäben erhältlich. Die Einlage besteht je nach dem Verwendungszweck aus Papier oder Stoff. Bei Freiluftaufstellung des Wählers sind die Kunstharzstoffe weniger geeignet, man wird hier im allgemeinen keramische Isolation vorziehen. Die Kriechstrecken sollen möglichst senkrecht sein, damit keine Verschlechterung durch Ablagerung von Staub und Unreinigkeiten eintreten kann. Eine Ausnahme machen horizontal liegende Antriebswellen, an denen sich infolge der drehenden Bewegung keine Ablagerungen bilden können.

VII. Antriebsvorrichtungen.

Zu den Antriebsvorrichtungen sollen alle diejenigen Teile des Reglers gerechnet werden, durch die er in Bewegung gesetzt wird. Hierzu gehören zunächst die Wellenleitungen, ferner bei Bedienung aus unmittelbarer Nähe der Handantrieb, bei Bedienung aus der Ferne der Motorantrieb, der gewöhnlich mit einer Handbetätigungsvorrichtung vereinigt ist und bei Betätigung durch die Veränderungen der Spannung ohne Zutun eines Bedienenden die selbsttätige Steuerung. Im Gegensatz zum Regler, der gewöhnlich als Hochspannungsapparat ausgebildet ist, handelt es sich bei den elektrischen Teilen des Antriebes um Niederspannungsapparate.

1. Handantrieb.

Der Handantrieb kommt bei kleinen Regeleinrichtungen häufig, bei größeren und großen selten zur Anwendung. Er besteht aus einer Einrichtung zur Übertragung der durch den Bedienenden geleisteten Arbeit von der Antriebskurbel oder dem Handrad zum Regler. Die Kurbel soll in bequemer Höhe liegen, und die am Handgriff auszuübende Kraft darf höchstens 30 kg betragen. Ist außerdem die zur Schaltung des Reglers erforderliche Arbeit bekannt, so kann der Kurbelradius und die Übersetzung festgelegt werden. Ein guter Handantrieb muß außer dem Rädergetriebe (Kegel-Schnecken-Stirnräder) folgende Teile enthalten:

einen mechanischen Anschlag für die beiden Enden des Regelbereiches und

eine Anzeigevorrichtung für die jeweilige Stellung des Reglers.

Ferner können folgende Einrichtungen erwünscht sein:
ein Zählwerk zur Registrierung der geschalteten Stufen, elektrische Melde- und Verriegelungseinrichtungen und ein Gehäuse oder wenigstens eine Abdeckung zum Schutz gegen Berührung.

Das Getriebe mit der Anzeigevorrichtung und den Endanschlägen muß so eingerichtet sein, daß jederzeit eine Kontrolle der Stellung des Reglers möglich ist. Die Verbindung mit dem Regler geschieht durch Wellen mit erforderlichenfalls zwischengeschalteten Ketten- oder Zahntrieben. Die Kraftleitung von der Handkurbel zum Regler muß so spielfrei gehen, daß die Stellungen von Kurbel und Regler genügend genau übereinstimmen, um Fehler zu vermeiden. Falls sich ein toter Gang zwischen Regler und Handkurbel nicht vermeiden läßt, so kann dies an der Anzeigevorrichtung dadurch berücksichtigt werden, daß man den gleichen Totgang in den Antriebsteil der Anzeigevorrichtung einschaltet, damit diese wieder mit der Reglerstellung übereinstimmt. Der erste Schaltschritt nach Umkehrung der Drehrichtung ist alsdann um den Totgang vergrößert.

Die mechanische Anzeigevorrichtung wird am besten mit dem Endanschlag vereinigt. Hat die Anzeigemarke das Ende der geradlinigen oder kreisförmigen Skala erreicht, so tritt einer der beiden Endanschläge in Tätigkeit. Die Endanschläge sind nur für den Fall erforderlich, daß durch Unachtsamkeit oder Böswilligkeit des Bedienenden über die Endstellung des Reglers hinausgeschaltet wird. Bei größeren Stufenzahlen ist der Schaltweg je Stufe an der Anzeigevorrichtung klein, während die Handkurbel bei dem gleichen Schaltwege des Reglers eine größere Anzahl von Umdrehungen macht. Die Übersetzung zwischen Kurbel und Anzeigevorrichtung ist also gewöhnlich recht beträchtlich. Daher kann man nicht einfach die Anzeigevorrichtung gegen die Endstellung fahren lassen, sondern man wird den Endanschlag zwar durch die Anzeigevorrichtung steuern, aber die hierdurch hervorgerufene Sperrung an einer Antriebswelle vornehmen, die eine möglichst kleine Übersetzung gegen die Handkurbel hat.

Ein Zählwerk, das die Registrierung der geleisteten Schaltungen vornimmt, muß stets vorwärts zählen, gleichgültig, ob der Regler in der einen oder anderen Richtung läuft. Es wird am besten von einer Welle aus angetrieben, die eine Umdrehung je Stufe macht und die zum Zählwerk führende Antriebsstange mit Kurbel oder Exzenter antreibt.

Die Kapselung richtet sich ganz nach den jeweils vorhandenen Bedürfnissen. Sehr zu empfehlen ist ein Schutz gegen Tropfwasser und Regen und ein guter Rostschutzanstrich. Auf gute Lagerung und Schmierung der Wellen ist gleichfalls zu achten. Neuerdings wendet man Lagerbuchsen aus Kunstharzpreßstoffen an, die bei geringer Beanspruchung auch ohne Schmierung arbeiten.

Sind Signal- oder Verriegelungskontakte eingebaut, so ändert sich der Charakter des Antriebes, weil elektrische Leitungen zu verlegen sind. Es sind alsdann Einrichtungen zu treffen zum Schutze dieser und der Kontakteinrichtungen.

2. Motorantrieb.

Während der Handantrieb nur für Betätigung aus unmittelbarer Nähe geeignet ist, dient der Motorantrieb zur Fernbetätigung mittels Hilfsschalter oder Druckknöpfen. Der Motorantrieb ist gewöhnlich auch als Handantrieb ausgebildet. Außer dem Vorteil, die Regeleinrichtung auch aus der Nähe von Hand schalten zu können, ist es für die Prüfung in der Fabrik und für Untersuchungen im Betriebe wünschenswert, bei spannungslosem Hilfsstromkreis das Durchschalten langsam von Hand vornehmen zu können, um die Wirkungsweise gewisser Teile des Reglers beobachten und untersuchen zu können. Außer den beim Handantrieb gekennzeichneten Teilen gehören zu einem Motorantrieb noch folgende Einrichtungen:

Der Antriebsmotor, der Haltestellenschalter zum selbsttätigen Stillsetzen des Antriebes nach dem Schalten einer Stufe, der mit dem mechanischen Endanschlag zusammenarbeitende elektrische Endschalter, bei größeren Leistungen die Umschaltschütze und eine elektrisch betätigte Bremse, ferner eine elektrische Anzeigevorrichtung, mittels welcher an der entfernten Bedienungsstelle die jeweilige Stellung der Regeleinrichtung festgestellt werden kann.

Von beträchtlichem Nutzen sind ferner eine Rutschkupplung für den Motor zur Vermeidung von harten Schlägen für den Fall, daß der Motor über das Getriebe hart gegen den mechanischen Endanschlag läuft, eine Meldelampe, die anzeigt, ob der Antrieb sich in einer Zwischenstellung oder in der Stufenstellung befindet, ein Sicherheitskontakt, der das Einschalten des Antriebsmotors bei Handbedienung verhindert.

Der Antriebsmotor wird nach der zur Verfügung stehenden Spannung und Stromart gewählt und gemäß der zu leistenden Arbeit und der erwünschten Laufzeit bemessen. Da ein genaues Stillsetzen des Antriebes bei allen Regeleinrichtungen erwünscht, bei manchen Reglerarten unbedingt erforderlich ist, so wählt man am besten einen Motor, dessen

Umdrehungszahl sich mit der Belastung nicht allzu stark ändert, also einen Drehstrom-Kurzschlußmotor oder einen Gleichstrom-Nebenschlußmotor. Bei Einphasenstrom, wo besonders ein sicherer Anlauf gewährleistet sein muß, wählt man am besten einen Serienmotor mit Parallelwiderstand zum Anker. Die gleiche Kombination kann auch bei Gleichstrom zur Anwendung kommen.

Die Laufzeit zur Schaltung einer Stufe wird bei einem schleichend vollzogenen Lastschaltvorgang klein gewählt und schwankt zwischen 2 bis 4 s, bei Schnellschaltung kann man aber, wenn keine gegenteiligen Gründe vorliegen, eine längere Laufzeit und einen sich daraus ergebenden schwächeren Antrieb vorsehen. Bei der im allgemeinen kleinen Schaltzahl je Tag hat der Motor eine sehr geringe Belastungszeit, beispielsweise bei 20 Schaltungen von je 4 s eine Laufzeit von 80 s am ganzen Tage. Er kann daher, wenn nur das Drehmoment ausreicht, beträchtlich überlastet werden. Andererseits muß der Motor so kräftig sein, daß er alle im Bereiche der Möglichkeit liegenden Überlastungen übernehmen kann. Bei Vorhandensein einer Rutschkupplung muß auch diese den gleichen Anforderungen genügen. Das Einschalten des Motors geschieht durch Druckknöpfe oder Betätigungsschalter, die bei kleineren Leistungen den Motor ohne Zwischenschaltung von Schützen zu schalten haben. Will man in solchen Fällen die Schaltung recht einfach gestalten, so wählt man einen Reihenmotor mit je einer Feldwicklung für Rechts- und Linkslauf.

Die Umschaltschütze für Drehstrom- und Gleichstrommotoren haben den Vorteil der allpoligen Abschaltung des Motors. Außerdem können sie mit den erforderlichen Hilfskontakten versehen werden. Gewöhnlich werden sie gegeneinander elektrisch so verriegelt, daß nur immer eines der beiden Schütze auf einmal eingeschaltet werden kann. Das Festhalten des jeweils eingeschalteten Schützes geschieht entweder durch einen Selbsthaltekontakt, wobei das Abfallen des Ankers erst erfolgt, wenn der Festhaltestrom unterbrochen oder eine mechanische Auslösevorrichtung zum Ansprechen gebracht wird. Oder aber die Festhaltung geschieht durch einen Haltestellenschalter (Umlegschalter), der aus einer Mittelstellung beim Laufen des Antriebes je nach der Drehrichtung desselben in eine von zwei Außenstellungen gebracht wird und dadurch Kontakte schließt, die den begonnenen Schaltschritt zu Ende führen.

Bei Schützen mit Selbsthaltekontakten braucht der Steuerkontakt nur den Bruchteil einer Sekunde eingeschaltet zu werden, um die Schaltung einer Stufe einzuleiten. Bei einem Haltestellenschalter dagegen muß der Betätigungsschalter solange eingeschaltet bleiben, bis der Haltestellenschalter durch den Lauf des Motors in die betreffende Außenstellung gedreht worden ist. Nach Erreichung der neuen Haltestelle muß der Haltestellenschalter seine Kontakte selbsttätig öffnen, was durch eine doppeltwirkende Rückzugfeder geschieht.

Jedes der beiden Umschaltschütze muß ferner den etwa vorhandenen Bremsmagneten schalten. Durch das gleichzeitige Einschalten desselben mit dem Motor wird alsdann auch die Bedingung erfüllt, daß die Bremse im gleichen Augenblick gelüftet wird, in dem der Motor zu laufen beginnt.

Der Haltestellenschalter führt, wie bereits erwähnt, den begonnenen Schaltvorgang zu Ende. Er wird in seiner Mittelstellung gewöhnlich durch eine doppelwirkende Feder gehalten und durch unrunde Scheiben, die für jede Lastschaltung eine Umdrehung machen, je nach dem Drehsinn in eine der beiden Außenstellungen gebracht (Abb. 79). Aus der Form der unrunden Scheibe ist zu erkennen, daß bei Erreichung der neuen Haltestelle der Schalter unter der Wirkung der Rückzugfeder in die neue Mittelstellung zurückschnellt. Stimmt die Größe der Aussparung mit der Auslaufkurve des Motors überein, so kommt der Antrieb rechtzeitig zum Stillstand, und der Anschlaghebel des Haltestellenschalters bleibt in der Aussparung stehen, bis er bei der nächsten Schaltung in eine der beiden Außenstellungen gedreht wird. Damit der Bedienende weiß, wann er den Betätigungsschalter loslassen kann, schaltet man am besten in den Außenstellungen des Haltestellenschalters durch diesen ein Signal, z. B. eine Meldelampe ein.

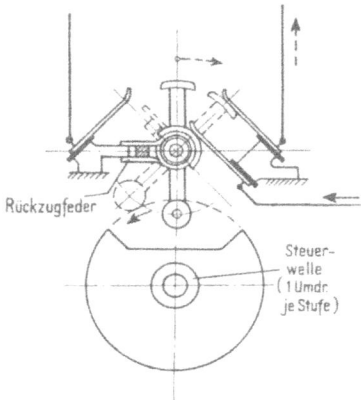

Abb. 79. Schema eines Haltestellenschalters.

Der mechanische Endanschlag im Motorantrieb genügt nicht, um Zerstörungen zu verhindern, die bei unachtsamer Bedienung oder bei Versagen des Haltestellenschalters eintreten können. In beiden Fällen kann der Antriebsmotor in Richtung über die Endstellung hinaus eingeschaltet werden und die Folge wäre entweder ein Fahren gegen den Endanschlag ohne Abschaltung des Motors und eine Beschädigung des Motors oder des Getriebes oder bei Vorhandensein einer Rutschkupplung zwischen Motor und Getriebe ein dauerndes Arbeiten des Motors auf die Rutschkupplung. Ein Endausschalter ist daher notwendigerweise vorzusehen.

Der Endausschalter kann entweder den Magnetstrom des betreffenden Umschaltschützes oder den Motorstrom unmittelbar unterbrechen. Im ersteren Fall ist ein Schutz vorhanden gegen unachtsame Einschaltung und gegen Versagen des Haltestellenschalters. Bei Unterbrechung des Motorstromes durch den Endausschalter kann außerdem verhindert werden, daß der Motor in den Endstellungen durch Andrücken des betreffenden Umschaltschützes eingeschaltet wird. Haltestellen- und Endausschalter können selbstverständlich nur bei Vorhandensein von Umschaltschützen für den Hilfsstrom ausgebildet werden, bei allen kleineren Antrieben ohne diese schalten sie den Motorstrom.

Die Umschaltschütze können auch ohne einen besonderen Haltestellenschalter arbeiten, wenn sie mit Selbsthaltekontakten und einer mechanischen Auslösevorrichtung versehen werden. Diese Vorrichtung könnte in einfachster Weise darin bestehen, daß der Festhaltekontakt durch Anstoß vorübergehend geöffnet wird. Es muß alsdann aber Vorsorge getroffen werden, daß der Selbsthaltekontakt sich nach dem Abschalten in der gleichen Stellung wieder schließen kann, auch wenn der Motorantrieb durch Verschwinden der Spannung an einer beliebigen Stelle des Schaltweges zum Stillstand gekommen ist. Eine solche Vorrichtung schützt allerdings nicht gegen das Klebenbleiben des Magnetankers, da keine mechanische Öffnung desselben vorgenommen wird.

Eine etwas anders geartete mechanische Auslösung der Umschaltschütze wird von der AEG hergestellt. Bei dieser werden die Schützkontakte durch gestreckte Kniehebel in der Einschaltstellung gehalten. Geöffnet werden die Kontakte durch Einknicken der Kniehebel mittels Anstoßvorrichtung. Mit dem Öffnen der Hauptkontakte wird auch der Magnetstrom unterbrochen, der Anker fällt ab und die Kniehebel stecken sich wieder, wodurch das Schütz für eine neue Einschaltung vorbereitet ist. Eine besondere Vorrichtung ist hierbei nötig, um eine Wiedereinschaltung des Schützes an der Haltestelle zu ermöglichen, weil andernfalls der die Auslösung bewirkende Hebel bei der Wiedereinschaltung im Wege sein würde.

Das durch den Antrieb zu überwindende Drehmoment ist während des Schaltens einer Stufe nicht an allen Stellen gleichmäßig, weil die Lastschalter und Stufenwähler einen wechselnden Widerstand bieten. Außerdem kann sich der Widerstand des Gestänges im Laufe der Zeit verändern, beispielsweise durch Einlaufen der Lager, Lockerwerden und Festziehen der Stopfbuchsen. Der Antriebsmotor ist daher einer wechselnden Belastung ausgesetzt und hat je nach dieser einen beträchtlichen Auslaufweg von verschiedener Länge, wenn die Stillsetzung nicht unter kräftiger Bremswirkung vor sich geht. Ein genaues Stillsetzen ist schon allein mit Rücksicht auf die Anzeigevorrichtung und das Zählwerk nötig. Man sieht daher im allgemeinen eine Bremse vor, die meist durch einen gleichzeitig mit dem Motor eingeschalteten Zugmagneten zum Anheben und Einfällen gebracht wird, wobei die Bremse gleichzeitig mit dem Abschalten des Motors einfällt. Es ist auch möglich, dem Motor durch eine Dauerbremse eine mäßige Grundbelastung zu erteilen, die ein einigermaßen genaues Anhalten zur Folge haben würde, wobei der Motor entsprechend stärker bemessen werden müßte. Es bestehen auch Lösungen, bei denen die Bremswirkung auf mechanischem Wege durch eine ent-

8*

sprechende Einrichtung des Antriebsgestänges nur in den Haltestellen erzeugt wird. Außer diesen meist üblichen Einrichtungen mit Backenbremse kann man dem Motor auch durch das abfallende Schütz eine Bremsschaltung erteilen oder eine Wirbelstrombremse zur Anwendung bringen.

Die Verbindung des Motorantriebes mit einem Handantrieb ist bei einem Stirnrädergetriebe recht einfach zu bewerkstelligen. Man braucht nur eine Welle des Antriebes, die die geeignete Übersetzung hat, mit einem Kurbelzapfen zu versehen. Zur Betätigung von Hand muß dann nur die Bremse angehoben und der Motorstrom unterbrochen werden, ehe die Kurbel aufgesetzt wird. Hierzu ist ein Verriegelungsschalter erforderlich, der nur entweder Motor- oder Handantrieb zuläßt. Arbeitet der Motor über einen Schneckenbetrieb, der bekanntlich selbsthemmend ist, so muß zur Handbetätigung entweder der Schneckentrieb entkuppelt oder außer Eingriff gebracht werden.

3. Anzeigevorrichtung.

Die Stellung des Reglers kann im allgemeinen durch Feststellung der Spannungsübersetzung des Transformators, also durch Ablesen der Spannungsmesser, ermittelt werden. Es ist aber aus Gründen der Kontrolle und der Genauigkeit bei größeren Regeleinrichtungen allgemein üblich, dieselben mit einer Vorrichtung zu versehen, die die jeweilige Schaltstellung des Reglers anzeigt. Gewöhnlich werden die einzelnen Stellungen mit Ziffern bezeichnet. Die Anzeigevorrichtung ist entweder rein mechanisch zur Ablesung am Antrieb oder elektrisch zur Übertragung auf die fern gelegene Kommandostelle eingerichtet.

Die mechanische Anzeigevorrichtung besteht aus einer Skala mit einem Zeiger; einer dieser beiden Teile steht still, der andere wird mit dem Antrieb bewegt. Der Zeiger gibt die Stellung des Antriebes und des Reglers an, die beide selbstverständlich richtig miteinander gekuppelt sein müssen. Die mechanische Anzeigevorrichtung kann entweder eine Drehbewegung vollführen und darf sich alsdann nur über einen kleineren Winkel als 360⁰ erstrecken, damit die Anzeige eindeutig wird, oder die Bewegung geschieht geradlinig durch eine Spindel. Bei geschlossenen Antrieben kann man die Ablesung durch ein Fenster vornehmen. Dann wird die Skala am besten beweglich angeordnet, damit das Fenster klein wird und die Ablesung stets an einer Stelle stattfindet. Die Skala wandert dann an dem Fenster vorbei, vor dem der Zeiger sichtbar ist. Will man die Stellung des Reglers auch bei abgenommenem Antrieb feststellen können, so ist eine Kontrollskala vorzusehen, die zwischen Antrieb und Regler liegen muß. Eine solche bietet auch den Vorteil, daß jederzeit festgestellt werden kann, ob der Antrieb richtig mit dem Regler justiert ist.

Die elektrische Anzeigevorrichtung hat den Zweck, die Stellung des Reglers auch vom entfernten Standort des Bedienenden aus ablesen zu können. Hierzu ist eine Fernübertragungseinrichtung erforderlich. Für eine solche stehen grundsätzlich auch andere Mittel als die Elektrizität zur Verfügung, z. B. bei kleineren Entfernungen biegsame Wellenleitungen oder optische Einrichtungen. Es gibt aber elektrische Übertragungseinrichtungen für beliebige Entfernungen in so mannigfaltiger Bauart und solcher Vollkommenheit, daß andere als elektrische Fernübertragungseinrichtungen kaum zur Anwendung kommen.

Sehr verbreitet ist die älteste Form, bestehend aus einer Kontaktvorrichtung am Antrieb und einer Lampentafel an der Kommandostelle, die für jede Stellung des Reglers eine Anzeigelampe hat, deren Aufleuchten die Stellung des Reglers anzeigt. Die Lampen werden so angeordnet, daß ein möglichst deutliches Bild von den Stellungen des Reglers gegeben wird. Vor jeder Meldelampe befindet sich gewöhnlich eine Scheibe mit durchbrochener Beschriftung, welche das entsprechende Zeichen der Skala am Antrieb darstellt. Auf der gleichen Tafel kann auch die Lampe angeordnet werden, die anzeigt, ob der Regler sich in der Ruhestellung oder im Lauf befindet.

Bei einer Lampentafel erfordert jede Lampe eine Verbindungsleitung zwischen Antrieb und Kommandostelle. Mit der Vergrößerung der Regelbereiche und dem damit verbundenen Anwachsen der Stufenzahl wurde eine solche Übertragungseinrichtung recht teuer, auch nimmt sie einen beträchtlichen Raum auf der Schalttafel in Anspruch. Daher suchte man nach leitungsparenden Einrichtungen. So entstand die Potentiometerschaltung, bestehend aus einem Spannungsteilerwiderstand mit Kontaktbahn und einem am anderen Ende der Leitung liegenden Ableseinstrument, das die jeweilige Stellung des Laufkontaktes anzeigt. Die Anzeige geschieht durch Messen der zwischen dem Laufkontakt und einem festen Punkt herrschenden Spannung. Das Anzeigeinstrument hat aber keine Spannungsskala, sondern Teilstriche für die einzelnen Stufen mit der gleichen Beschriftung, wie die Skala an der mechanischen Anzeigevorrichtung am Antrieb. Die Hauptschwierigkeit bei der Spannungsteilerschaltung ist, zu vermeiden, daß die Spannungsschwankungen des den Potentiometerwiderstand speisenden Stromkreises die Stellung des Instrumentenzeigers beeinflussen. Bei einem gewöhnlichen Weicheisen- oder Drehspulinstrument muß daher erst diese Spannung durch eine Regeleinrichtung konstant gehalten werden. Hierfür kann beispielsweise eine Eisendrahtlampe Verwendung finden.

Besser ist ein Instrument, das nicht die Spannungsdifferenz, sondern das Verhältnis zweier Spannungen mißt, also hier das Verhältnis der Teil- zur Gesamtspannung. (Kreuzspulinstrument, Quotientenmesser.) Bei derartigen Instrumenten ändert sich die Stellung des Zeigers nur mit der Verstellung des Laufkontaktes am Spannungsteilwiderstand. Das Kreuzspulinstrument ist für Gleichstrom, für Wechselstrom kommt der Quotientenmesser in Betracht, bestehend aus zwei gegeneinander arbeitenden Ferrariselementen. Die Widerstände am Antrieb zur Teilung der Spannung können kontinuierlich oder abgestuft ausgeführt werden. Bei ersteren wandert der Zeiger mit dem Laufkontakt gleichmäßig mit, bei abgestuften Kontakten springt er von Stellung zu Stellung, sobald der Kontakt umschaltet. Für derartige Instrumente ist eine kleine Spannung von 24 bis 6 V ausreichend und erwünscht, der Leistungsbedarf beträgt daher nur wenige Watt. Gegenüber einer Lampentafel besteht aber der Nachteil einer geringeren Deutlichkeit, die Ablesungen aus nicht unmittelbarer Nähe erschwert.

4. Gehäuse des Antriebes.

Die Ausführung des Gehäuses ist verschieden je nach der Aufstellungsart. Bei Innenraum genügt eine einfache Kapselung als Berührungsschutz der beweglichen Teile, bei Freiluft muß das Gehäuseinnere vor Regen und Schneetreiben geschützt werden. Bei großen Einheiten, die meist Aufstellung in Freiluft finden, wählt man gewöhnlich eine für Freiluftaufstellung geeignete Bauart, die aus Gründen der Einheitlichkeit auch bei Innenraumaufstellung zur Anwendung kommt.

Die Bauart des Gehäuses muß eine gute Zugänglichkeit für alle Teile gewährleisten, die der Abnutzung unterworfen sind und deren Arbeitsweise gelegentlich überholt werden soll. Ferner müssen Öffnungen für das Einführen der Leitungen, für die herausgehende Welle und für das Einstecken der Antriebskurbel vorgesehen werden. Die Befestigung des Antriebes am Transformatorengehäuse muß so vorgenommen werden, daß beim Anziehen der Befestigungsschrauben kein Verziehen der Gehäuseteile stattfindet, um zu verhüten, daß bei den im Innern des Gehäuses befindlichen Lagern und Wellen Klemmungen eintreten.

Besonders wichtig ist die Frage des Schutzes gegen die Bildung von Schwitzwasser und Rost. Zur Erzielung eines solchen erscheint es am einfachsten, das Gehäuse hermetisch abzuschließen. Das dichte Verschließen der verschiedenen Öffnungen macht das Öffnen des Antriebes recht beschwerlich. Beim Öffnen bleibt die Dichtung meist kleben und zerreißt. Sie muß daher beim Wiederschließen erneuert werden. Außerdem füllt sich der Innenraum bei dem jedesmaligen Schließen mit frischer und nasser Luft, für deren Trocknung daher besondere Einrichtungen vorgesehen werden müssen. Diese Schwierigkeiten haben zur Aufstellungsart mit Lüftung geführt.

Die Innenteile eines richtig ventilierten Gehäuses sind in ausreichender Weise vor Rostbildung geschützt. Woher kommt das? Die durch einen ventilierten Antrieb strömende Luft steht unter Atmosphärendruck und wird keinen wesentlichen Druckunterschieden ausgesetzt, weil die im Innern durch die Spulen und den Motor nur mäßig erwärmte Luft eine dementsprechend geringe Geschwindigkeit hat. Für das Ausscheiden von Wasser kann daher nur eine Übersättigung der Luft infolge des Absinkens der Temperatur in Betracht kommen. Beispielsweise erhält

1 m³ gesättigte Luft bei 20⁰ C 17,3 g Wasser,
1 » » » » 0⁰ C 4,9 g »

also den 3,5ten Teil. Wird Luft von 20⁰ C mit 10 g Wassergehalt auf 11⁰ abgekühlt, so hat sie gerade den Sättigungsgrad erreicht. Wird die Abkühlung weitergetrieben, so scheidet sich Wasser aus, und zwar bis 0⁰ C etwa 5 g je m³. Streicht genügend nasse Luft an kalten Wänden vorbei, so wird gleichfalls Wasser .ausgeschieden.

Will man also bei ventilierten Gehäusen die Wasserabscheidung vermeiden, so muß man dafür sorgen, daß das Innere stets etwas wärmer ist als die Außenluft. Die eintretende Luft kann dann gesättigt sein, durch die geringe Erwärmung wird sie untersättigt und kann kein Wasser abscheiden. Die Heizung kann ohne besondere Einrichtungen durch die Spulen der Schütze und des Bremsmagneten sowie durch den Motor geschehen. In Ausnahmefällen steht auch nichts im Wege, die Heizung durch besondere Widerstände vorzunehmen. Die Befestigung des Antriebes am Transformatorgehäuse wirkt sich in dieser Hinsicht weiter günstig aus, weil durch die Befestigungteile und die Luft Wärme vom Transformator in das Antriebsgehäuse transportiert wird, welche dessen Eigenheizung unterstützt. Damit der Auftrieb durch die Erwärmung möglichst groß wird, müssen die Öffnungen für den Luftein- und -austritt den größterreichbaren Höhenunterschied haben. Außerdem muß das Eindringen von Wasser mit Sicherheit verhindert werden, wobei jede Art von Wetter zu berücksichtigen ist. Zu diesem Zweck läßt man die Stoßkanten zwischen Gehäuse und Deckel weit übereinandergreifen und möglichst gut abschließen und legt die Eintrittsöffnung für die Luft so, daß weder Regen noch Schnee hineingetrieben werden kann.

Als Ausführungsbeispiel diene der Antrieb nach Abb. 80, den großen AEG-Antrieb darstellend. Ein Gehäuse aus zwei U-förmig gebogenen Blechen, von denen das eine als Deckel dient, umschließt den Motor 1, das Getriebe 2, den Bremsmagnet 5, die mechanische Anzeigevorrichtung 9 und 10, das Zählwerk 11 für die Registrierung der geleisteten Schaltungen, die Umschaltschütze 4, die Klemmenreihe 7 und die auf dem Bild nicht sichtbaren Teile für die Endbegrenzung und die Fernanzeigevorrichtung. Der Kurbelzapfen für den Handbetrieb wird zugänglich gemacht durch Verdrehen des Hebels 8, wodurch zugleich der Motorstrom unterbrochen wird. Es ist also nur entweder Hand- oder Motorbetrieb möglich. Die Abschaltung der Schütze geschieht durch mechanische Einwirkung auf Kniehebel, welche zwischen den Zugmagneten und die Kontakte eingefügt sind. Zur Betätigung der Schütze ist nur ein kurzzeitiger Kontaktimpuls erforderlich, und der Haltestellenschalter ist bei Vorhandensein der Kniehebelbetätigung überflüssig.

5. Getriebe und Wellenleitungen.

Hierunter sind alle Teile zur Verbindung des Antriebes mit dem Regler zu verstehen, welche ebenso wie der Regler und der Antrieb mechanisch mit dem Gehäuse des Transformators verbunden werden. Ein solches Gehäuse ist aber kein mechanisch starrer Körper, dasselbe erleidet vielmehr Veränderungen, die hervorgerufen werden durch die

Abb. 80. Ansicht eines Motorantriebes (AEG).

Unebenheit der Unterlage und ihrer Auflagepunkte und noch mehr durch die Temperatur- und Druckveränderungen im Innern. Der Deckel, an dem wesentliche Teile der Regelschaltwerke befestigt werden, erleidet bei Aufschrauben auf das Gehäuse Formveränderungen. Die im abgeschraubten Zustand des Deckels befestigten Teile werden daher nach dem Aufschrauben in ihrer Lage zueinander verändert sein. Handelt es sich um Lager von durchgehenden Wellen, so werden diese alsdann Klemmungen aufweisen. Die Unstarrheit des Gehäuses hat dazu geführt, daß man in großem Umfang von Gelenkwellen Gebrauch macht, die alle Klemmungen und Verbiegungen vermeiden.

Das bei den modernen Reglern mit der durch den Lastschalter angeschlossenen Spannung elektrisch verbundene Getriebe des Reglers muß mit dem Antrieb verbunden werden, der an Erdpotential liegt, die herangeführte Welle muß man daher gegen Erde isolieren. Für die isolierende Welle kommen als Werkstoffe in Betracht Porzellan oder besser Steatit und Stäbe aus Kunstharzpreßstoffen. Letztere haben den Vorteil der geringeren Zerbrechlichkeit, können aber nicht in Freiluft Verwendung finden. Will man daher größere Sicherheit gegen Bruch haben, so kann man die Isolierwellen nur in Öl verlegen. Hierbei ist gleichzeitig ein völliger Schutz gegen Steinwürfe vorhanden. Da der Antrieb sich im allgemeinen in Luft außerhalb des Gehäuses befindet, so ist zunächst einmal eine Wellenleitung von diesem an das Gehäuse und an geeigneter Stelle durch dessen Wand hindurch in das Innere zu führen. Die Einführung muß durch eine völlig dicht haltende Stopfbuchse geschehen. Bei der Stopfbuchse kann die Kupplung für die isolierende Gelenkwelle befestigt werden. Als Kupplungen kommen Kreuzgelenkkupplungen in Betracht, es genügt jedoch im allgemeinen, wenn die Kupplungen um einen kleinen Winkel gelenkig sind (3 bis 5⁰). Besteht die Regeleinrichtung aus drei einphasigen Einzelreglern in dem gleichen Gehäuse, so sind die einzelnen Phasen untereinander und gegen Erde durch je eine isolierende Gelenkwelle zu verbinden. Ausnahmen sind möglich bei starrer Verbindung der drei Regler.

Es besteht auch öfters die Aufgabe, mehrere Regeltransformatoren durch einen gemeinsamen Antrieb zu betreiben. Dies kommt besonders in den Vereinigten Staaten und den von diesen abhängigen Ländern vor, wo es üblich ist, Drehstromregeltransformatoren in Form einer Bank von drei Einphasentransformatoren auszubilden. Die Antriebswellenleitung für diese Anordnung besteht gewöhnlich aus einer die drei Regler verbindenden Gelenkwelle, von der die Einzelleitungen zu den drei Reglern abgezweigt werden. Jede dieser Einzelwellenleitungen erhält eine Einrichtung zur Betätigung von Hand, damit der zugehörige Regeltransformator im abgekuppelten Zustand allein geprüft werden kann. Auf diese Weise sind die drei Regler möglichst weitgehend so angetrieben, daß die Schaltung gleichzeitig geschieht. Das Gegenteil würde der Fall sein, wenn einer der Regler hinter den andern geschaltet wäre, bei welcher Anordnung der am weitesten vom Antrieb entfernt liegende die größte Verzögerung durch das unvermeidliche Spiel in den Getriebeteilen erfahren würde. Die drei Regler können auch durch je einen Motorantrieb geschaltet werden. Abgesehen davon, daß diese Anordnung teurer ist als die vorher beschriebene, ist auch hier die Gleichzeitigkeit infolge der nicht ganz gleichmäßigen Arbeitsweise der Motoren nicht gewährleistet, und es besteht außerdem die Möglichkeit, daß bei Versagen eines der Antriebe der zugehörige Regler stehen bleibt. Wenn man sich nicht auf die Aufmerksamkeit der Bedienung verlassen will, sind bei Gleichlauf

mehrerer Motorenantriebe besondere Überwachungseinrichtungen erforderlich.

Jede Wellenleitung hat einen unvermeidlichen Totgang, der sich
zusammensetzt aus der Summe aller Spiele in den Nabenbefestigungen
und Eingriffen der Zahnräder, über die das Drehmoment geleitet wird.
Hinzu kommt ferner die elastische Verdrehung der einzelnen Wellenleitungen, die sich proportional dem jeweils zu übertragenden Drehmoment einstellen wird. Um die Einwirkung dieser Ungenauigkeiten auf
das Arbeiten des Reglers klein zu halten, wählt man die Übersetzung
zwischen der Wellenleitung und dem Regler groß. Der Einfluß der Verdrehung in der Wellenleitung auf den Lastschalter läßt sich auf diese
Weise beliebig klein halten. Stößt eine Ausschaltung des Totganges in
der geschilderten Weise aber auf Schwierigkeiten, so versieht man die
Anzeigevorrichtung mit einer einstellbaren Einrichtung, mit der man ihr
den gleichen Totgang erteilen kann, den die Wellenleitung zum Regler
hat. Nach Vornahme der Einstellung stimmt alsdann die Stellung des
Reglers mit der der Anzeigevorrichtung überein. Werden die Haltestellen-
und Endausschalter mit der einstellbaren Anzeigevorrichtung gekuppelt,
so wird auch bei diesen der Totgang der Wellenleitung berücksichtigt.

6. Selbsttätige Kontaktvorrichtungen.

Zur Steuerung eines Reglers unter Ausschaltung der Bedienung von
Hand sind außer einem Motorantrieb Einrichtungen erforderlich, die
diesen selbsttätig einschalten, sobald die Verstellung des Reglers erforderlich wird. Im allgemeinen will man die Spannung regeln, der Regler
kann aber auch zur Erfüllung anderer Bedingungen verwendet werden,
beispielsweise zur Konstanthaltung des cos φ in Ringnetzen, zur Regelung des Stromes bei Öfen usw. In allen Fällen soll die selbsttätige Kontakteinrichtung in Abhängigkeit von einer veränderlichen Größe arbeiten.
Im allgemeinen ist eine von der zu messenden Größe abhängige Spule
vorhanden, die ihren Anker in der Mittelstellung hält, wenn diese Größe
den Sollwert hat. In dieser Stellung befindet sich eine doppeltwirkende
mit dem Anker in Verbindung stehende Kontakteinrichtung gleichfalls
in der Mittelstellung zwischen zwei Endstellungen. Jede der Endstellungen dient zur Einschaltung des Motors zum Höher- oder Tiefer-
regeln, in der Mittelstellung sind beide Kontakte geöffnet. Sinkt die zu
regelnde Größe unter den Mittelwert, so wird der Kontakt geschlossen,
der den Regler im zunehmenden Sinne einschaltet; steigt der Istwert,
so wird der Regler im abnehmenden Sinne verstellt. Ist durch das Arbeiten des Reglers wieder der gewünschte Mittelwert erreicht, so geht
die Kontakteinrichtung in die Mittelstellung zurück.

Für die Arbeitsweise der selbsttätigen Einrichtungen bei Stufen-
reglern gelten abweichende Bedingungen gegenüber Regeleinrichtungen
mit kontinuierlicher Verstellung oder gegenüber Schnellreglern.

Die Empfindlichkeit ist abhängig von der Größe der Stufe. Das Regelschaltwerk darf erst verstellt werden, wenn die Abweichung der Istspannung von der Sollspannung etwa 70 bis 80% von der Größe einer Stufe erreicht hat. Wird der Abstand des Ansprechwertes von der Sollspannung vergrößert, so arbeitet der Regler träger, und die Kurve der geregelten Größe zeigt größere Abweichungen von dem Sollwert. Ist der Ansprechwert kleiner als 50% einer Stufe, so tritt ein Pendeln der Regeleinrichtung ein, sobald die Istspannung dauernd um ½ Stufe von der Mittelspannung abweichen würde, weil der Regler alsdann dauernd aus dem einen in den anderen Kontaktbereich schalten würde. Man ist bei Einstellung der Empfindlichkeit bei gegebener Stufengröße an einen ziemlich eng begrenzten Wert gebunden; will man daher die Spannungskurve mit möglichst geringen Abweichungen von dem Mittelwert erzielen, so muß man die Stufengröße genügend klein wählen.

Ein weiteres Mittel zur Vermeidung von überflüssigen Schaltungen des Reglers ist die Ansprechträgheit, durch die verhindert wird, daß sofort bei Überschreitung der Empfindlichkeitsgrenze eine Stufe geschaltet wird. In Netzen treten häufig Spannungsschwankungen von nur kurzer Dauer auf, die verursacht werden durch das Einschalten von großen Motoren oder andere Schwankungen in der Belastung. Derartige kurz andauernde Veränderungen dürfen nicht ausgeregelt werden, weil der Regler nach Beendigung der Schwankung, also kurz darauf, wieder auf die alte Stellung zurückgeschaltet werden würde, bei welchem Vorgang wahrscheinlich infolge der Trägheit des Regelvorganges die Spannung größere Abweichungen vom Sollwert erhalten würde, als wenn der Regler gar nicht geschaltet hätte. Es soll erst die Gewißheit bestehen, daß die Spannung auf längere Dauer vom Sollwert abweicht, ehe der Regler verstellt wird. Zur Erreichung eines trägeren Ansprechens gibt es folgende Mittel:

1. Das Kontaktinstrument arbeitet mit einem Impulskontaktgeber zusammen, dessen Kontakt in Serie mit dem Kontaktinstrument arbeitet, so daß das letztere die Schaltung einer Stufe nur dann einleiten kann, wenn zugleich der Impulskontakt geschlossen ist. Bei einer dauernden Veränderung der Spannung wird hier gewartet, bis der nächste Impuls erfolgt, worauf die Stufenschaltung eingeleitet wird. Bei vielen kurzzeitigen Spannungsschwankungen würde aber auch von Zeit zu Zeit eine derselben zu einer unerwünschten Schaltung führen, die dann bei der nächsten Gelegenheit wieder rückgängig gemacht wird. Diese Einrichtung ist also nicht vollkommen und wird meist nur bei kleineren Anlagen verwendet.

2. Zwischen das Kontaktinstrument und die beiden Zuleitungen zum Antrieb wird je ein Zeitelement geschaltet, das den Impuls des Instrumentes erst durchgibt, nachdem die einstellbare Zeit abgelaufen ist und die Spannungsveränderung noch anhält. Während die Stufe geschaltet

wird, wird das Zeitelement aufgezogen, so daß bei Erreichen der neuen Schaltstellung wiederum erst das Zeitelement ablaufen muß, ehe eine weitere Stufe geschaltet werden kann. Da die Verzögerung einstellbar ist, kann sie den jedem einzelnen Fall eigentümlichen Verhältnissen angepaßt werden. Diese Art der Verzögerung eignet sich für große Einheiten und kann als die vollkommenste angesehen werden.

3. Die Übersetzung zwischen Motor und Regler wird groß gewählt, so daß bei dauernder Kontaktgabe eine Schaltung erst nach einer beträchtlichen Zeit, beispielsweise 20 bis 40 s erfolgt, während die kurzzeitigen Impulse addiert werden, immer wieder zur Abschaltung des Motors führen und keine Lastschaltung zur Folge haben, bis der Augenblick kommt, an dem die Schaltung erfolgt. Voraussetzung für diese Einrichtung ist ein Regler mit einer Schnellschaltvorrichtung, die selbsttätig zu Ende geführt wird. Diese Einrichtung hat den Vorteil, daß bei kurzzeitigen Impulsen auch das Vorzeichen berücksichtigt wird, so daß bei Spannungsschwankungen, die zur mittleren Sollspannung symmetrisch liegen, keine Schaltung erfolgt.

Der aus dem Gebiet der Turbinenregelung her bekannte Begriff der Rückführung muß auch hier erwähnt werden für den Fall, daß die Lastschaltung so kurz vor der Stillsetzung des Motors, also vor der Bereitstellung des selbsttätigen Instrumentes für die nächste Stufenschaltung erfolgt, daß der bewegliche Teil infolge seiner Trägheit nicht mehr auf die durch die Stufenschaltung erzeugte Veränderung reagieren kann. Durch eine Rückführung müßte während des Schaltens einer Stufe genügend rechtzeitig für das Kontaktinstrument der Zustand geschaffen werden als ob die begonnene Stufenschaltung schon zu Ende geführt sei, damit das Instrument bereits mit seiner Rückstellung beginnen kann. Eine solche Rückführung ist aber überflüssig, wenn eine der vorher beschriebenen Verzögerungseinrichtungen vorgesehen wird.

Für den Fall, daß der Regler an einem entfernten Punkt des Netzes eine konstante Spannung erzeugen soll, wird die Spule des selbsttätigen Kontaktapparates kompensiert oder kompoundiert, indem man ihr eine Zusatzspule beigibt, durch welche die Spannung um das gewünschte Maß verändert wird. Dies geschieht gewöhnlich in ausreichender Weise durch eine Stromwicklung, die außer der Spannungswicklung auf den Kern des Kontaktinstrumentes aufgebracht wird. Je nach der prozentualen Amperewindungszahl der Stromwicklung kann die Größe der Kompensierung verändert werden. Soll die Spannung mit Rücksicht auf die Konstanthaltung an einem entfernter liegenden Punkt verändert werden, so wird die Stromwicklung der Spannungswicklung entgegengeschaltet. Dadurch wird die Zugkraft der Spule vermindert und dasselbe erreicht, als ob die Spannung kleiner wäre, nämlich das Instrument gibt Kontakt für Spannungserhöhung. Am Aufstellungsort des Reglers wird also die Spannung erhöht, und zwar in Abhängigkeit von der Belastung

des Netzes um das Maß des Spannungsabfalles bis zu dem entfernten
Punkt, so daß die Spannung an diesem konstant wird.

7. Gleichlauf mehrerer Regelschaltwerke.

Der Parallelbetrieb von Regeltransformatoren hat den Gleichlauf
der Regelschaltwerke zur Voraussetzung. Bei einfacher Handbedienung
müßte also nach jeder Schaltung durch den Bedienenden geprüft werden,
ob alle Regler auf derselben Stellung stehen. Bei wichtigen Anlagen besteht der Wunsch, nicht von der Aufmerksamkeit des Bedienenden in
dieser Hinsicht abhängig zu sein und eine selbsttätige Überwachung des
richtigen Gleichlaufes zu haben. Die Einrichtungen zu diesem Zweck
können entweder ein akustisches oder optisches Zeichen geben, falls ein
Antrieb versagt hat, oder den Betätigungsstrom sperren, so daß ein Einschalten der Regeleinrichtungen so lange verhindert wird, bis die Störung
an dem betreffenden Antrieb beseitigt ist. In beiden Fällen muß ein
Kontakt geschlossen werden, sobald ein Versagen eines Antriebes eingetreten ist. Man wird daher den vollkommeneren Weg wählen, also die
Sperrung.

Zwei derartige Überwachungsvorrichtungen für den Gleichlauf
sollen kurz beschrieben werden:

1. Jeder der gleichlaufenden Antriebe hat eine Hilfskontaktbahn mit
soviel Kontakten, wie der Regler Stellungen hat. Die in allen Antrieben
gleichen Kontaktbahnen sind untereinander so verbunden, daß unter
der Voraussetzung der gleichen Stellung aller Laufkontakte eine durchgehende Verbindung entsteht. Weicht dagegen die Stellung eines der
Laufkontakte von den anderen ab, so ist diese Verbindung unterbrochen.
Die durchgehenden Leitungen bilden entweder die Zuleitung zu den
Druckknöpfen oder Betätigungsschaltern oder sie sind an das Relais angeschlossen, das die Sperrung vornimmt. Stehen alle Antriebe auf dem
gleichen Kontakt, so wird eine durchgehende Leitung hergestellt, durch
welche ein Wiedereinschalten der parallel laufenden Regler möglich ist.
Steht dagegen ein Regler falsch, weil er versagt hat, so wird keine durchgehende Verbindung hergestellt, und der Betätigungsstrom ist gesperrt.
Die große Anzahl der Verbindungsleitungen kann man dadurch vermindern, daß man nicht für jeden Kontakt der Bahnen eine besondere
Leitung nimmt, sondern im ganzen beispielsweise nur drei Verbindungsleitungen zwischen zwei Antrieben anordnet und dann die Kontakte
gruppenweise miteinander verbindet, also bei diesem Beispiel *1-4-7*,
2-5-8, *3-6-9*. Ehe nach der Sperrung wieder geschaltet werden kann,
muß der vorhandene Fehler beseitigt und der stehengebliebene Regler
auf eine Stellung mit den andern gebracht werden.

2. Es werden jedem Antrieb eine Anzahl Relais zugeordnet, die durch
Hilfskontakte des Antriebes gesteuert werden. Durch die Relais werden

kombinierte Schaltungen hergestellt, die bei nicht gleichmäßiger Stellung der Laufkontakte eine Sperrung des Betätigungsstromkreises vornehmen. Vereinfacht kann eine solche Einrichtung durch Anordnung von nur einem Satz Relais werden, der an einer zentralen Stelle zur Überwachung aller gleichlaufenden Regler dient und durch eine Kombination von Hilfskontakten in den einzelnen Antrieben gesteuert wird.

Die Überwachungseinrichtungen müssen sowohl für elektrische Fernbetätigung von Hand auch für selbsttätige Steuerung geeignet sein. Für letztere würde es nichts nützen, wenn nur die Weiterregelung gesperrt würde, weil dadurch einerseits die ungleiche Stellung der Regeleinrichtungen bestehen bleiben würde, andererseits jede weitere Regelung verhindert werden würde. Daher muß außer der Sperrung auch eine Benachrichtigung für das Bedienungspersonal durch optische oder besser akustische Zeichen vorgenommen werden. Außerdem müssen Schalteinrichtungen eingebaut werden, durch die jederzeit einer der parallel geschalteten Regler aus der Parallelschaltung herausgenommen und allein verstellt werden kann, um die Ungleichheit in den Schaltstellungen zu beseitigen.

VIII. Die verschiedenen Bauformen an Beispielen.

1. Spannungsteilerschaltung.

a) Lastwähler.

Lastwähler mit Spannungsteilerschaltung nach dem auf S. 44 beschriebenen Schaltverfahren werden in Deutschland von den SSW., in den Vereinigten Staaten, England und den von diesen abhängigen Ländern von einer ganzen Reihe von Firmen hergestellt.

α) Bauart SSW.

Den Ablauf eines Schaltvorganges zeigt Bild 81. Die Schaltdrosselspule bleibt auch in der Grundstellung eingeschaltet. Der Eisenkern hat Luftspalte und ist nur soweit gesättigt, daß die Charakteristik im Arbeitsbereich geradlinig bleibt. Diese Charakteristik ist leicht erreichbar, da in der Stellung, in der beide Drossel-

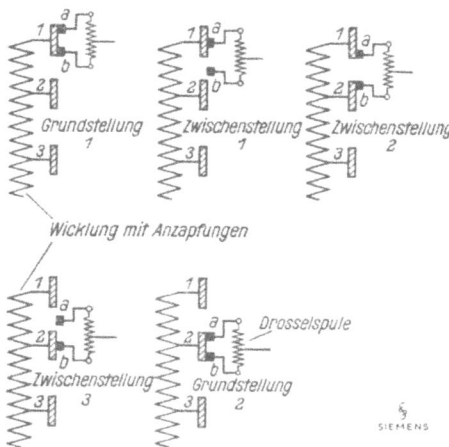

Abb. 81. Schaltvorgang des Lastwählers mit Spannungsteilerschaltung (SSW).

zweige an der Spannung einer Stufe liegen, ein Ausgleichstrom in der Größe des halben Vollaststromes (genau wie bei Ohmschen Überschaltwiderständen) zugelassen wird. Durch die gute Verkettung wird in der Zwischenstellung genau die halbe Spannung zwischen den beiden angeschlossenen Anzapfungen erreicht.

Der unmittelbar vom Antrieb ohne Schnellschaltvorrichtung angetriebene Lastschaltkontakt und die für Dauereinschaltung bemessene Schaltdrossel ergeben eine sehr einfache Anordnung. Das Wiederzünden des Lichtbogens nach dem ersten Stromnulldurchgang beim Öffnen des Kontaktes wird durch einen Parallelwiderstand zu den Drosselzweigen und durch geeigneten Werkstoff der Kontakte verhindert. Abb. 82 zeigt einen Transformator mit aufgebautem Lastwähler in betriebsfertigem Zustand.

Abb. 82. Regeltransformator mit Lastwähler (SSW).

Eine Abart des Lastwählers stellt der Lastumsteller der SSW. dar (Abb. 83[1])). Die Oberspannungswicklung ist in zwei parallelgeschaltete Hälften unterteilt mit je drei Anzapfungen, die elektrisch gesehen am Sternpunkt, räumlich in Schenkelmitte liegen. Die drei beweglichen Schaltfinger sind mechanisch miteinander verbunden, werden gemeinsam verstellt und bilden den Sternpunkt. Bei den Schaltverbindungen 1-2, 3-4 und 5-6 werden Anzapfungen gleichen Potentials miteinander verbunden. dies sind daher die Betriebsstel-

---

[1]) Schöpf, Siemens-Zeitschr. 1934 S. 63.

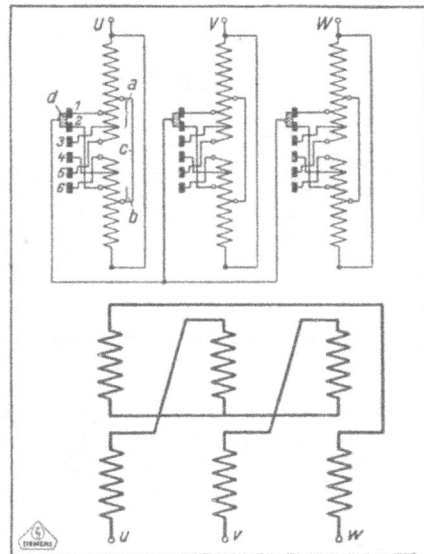

Abb. 83. Lastumsteller.

lungen, in den Zwischenstellungen *2-3* und *4-5* fließt ein Ausgleichstrom über die Leitung *a-b*, der durch geeignete Wahl der beiden Anzapfungen *a* und *b* auf einen bestimmten Wert bemessen werden kann. Durch diese Schaltung, bei der die Wicklung selbst als Überschaltwiderstand Verwendung findet, werden besondere Widerstände oder Überschalt-drosseln überflüssig und es ist sogar eine Schaltung unter Kurzschluß möglich. Die Lastumsteller werden bis 640 kVA und 20 kV verwendet, der Einbau wird in das Ölgehäuse des Transformators vorgenommen,

Abb. 84.
Lastwähler (GE) einphasig.

Abb. 85.
Lastwähler (GE) dreiphasig.

was bei den kleinen Stromstärken und der nicht sehr großen Schalthäufigkeit unbedenklich ist.

β) Bauart GE[1]).

Die Abb. 84 und 85 zeigen die ein- und dreiphasige Anordnung
der Kontakteinrichtung der GE-Lastwähler. Diese werden auf eine
in der Seitenwand des Transformatorgehäuses abgedichtet eingebaute
Platte aus Bakelit-Preßstoff aufmontiert, so daß die Zuleitungen zu den
Anzapfungen auf der Rückseite dieser Wand angeschlossen werden können. Die starren Kontaktbrücken werden durch zylindrische Schrauben-
federn angepreßt, und das Überschalten von einer zur anderen Dauer-

Abb. 86 Bank von drei Einphasentransformatoren mit Lastwähler (GE).

stellung geschieht unter Einwirkung einer Schnellschaltvorrichtung.
Abb. 86 zeigt eine Bank, bestehend aus drei Einphasen-Regeltransfor-
matoren mit derartigen Lastwählern gemäß der gebräuchlichen amerikanischen Praxis, die durch einen gemeinsamen Motorantrieb mittels
eines Zwischengestänges betätigt werden. Die dargestellte Bank hat
eine Leistung von 10000 kVA. Die Überschaltdrosseln befinden sich
mit dem Transformator im gemeinsamen Ölbehälter.

Die Abb. 87 und 88 zeigen eine andere Standard-Bauart eines Lastwählers der GE mit Spartransformator zusammengebaut für Spannungen
bis 13000 V und eine Stromstärke bis 100 A bei einer Regelung von ± 10%
und einer Eigenleistung des Spartransformators bis 228 kVA. Abb. 87 zeigt
den Aufbau des Transformators mit der Überschaltdrossel und der drei-

---

[1]) Darhing und Palme, Power 74 (1931) S. 894.

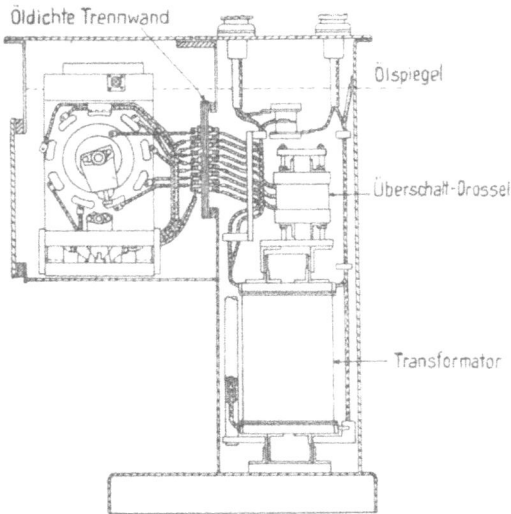

Abb. 87. Kleinerer Lastwähler (GE).

phasigen Regeleinrichtung. Letztere befindet sich in einem vom Ölraum des Transformators durch eine isolierende Trennwand geschiedenen Ölraum. Auch hier werden die Kontakte mittels einer Schnellschaltvorrichtung betätigt, und in den Dauerstellungen werden beide Enden der Überschaltdrossel an die gleiche Anzapfung angeschlossen. Mit Hilfe eines Wenders können die Kontakte je einmal für einen oberen und unteren Regelbereich durchlaufen werden, so daß 2×8 Stufen erreicht werden.

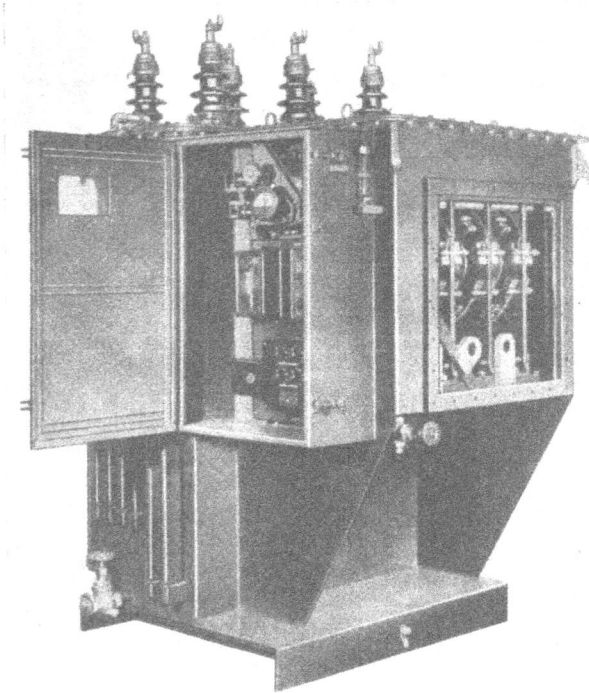

Abb. 88.
Regeltransformator mit kleinerem Lastwähler (GE).

γ) Bauart BTH.

Die BTH baut Lastwähler in Form von Schaltwalzen gemäß den Abb. 89 und 90 für Leistungen von 100 bis 5000 kVA und für Strom-

Abb. 89. Lastregler in Scl altwalzenform (BTH).

Abb. 90. Lastregler in Schaltwalzenform mit Antrieb (BTH).

9*

stärken bis 100 A bei 33 kV, bei besonderer Anordnung bis 66 kV. Die eigentliche Walze besteht aus einem Isolierzylinder mit aufmontierten Gußstücken, deren Ausbildung den in den verschiedenen Stellungen auszuführenden Schaltungen entspricht. Auf diese Gußstücke sind die auswechselbaren Kupferkontakte aufgesetzt. In den Dauerstellungen wird die Überschaltdrossel abwechselnd kurzgeschlossen und als Spannungsteiler verwendet, so daß bei 4 Stufen, also 5 Zuleitungen zu der Regelwicklung einer Phase, 9 verschiedene Spannungen durch die Walze mit der Überschaltdrossel erreicht werden.

Der Antrieb geschieht durch Gelenkwellen und nur einen Maltesertrieb je Phase. Wie bereits früher ausgeführt, ist dies bei einer Schaltwalze möglich, weil das Aufrechterhalten derjenigen Verbindungen, die den Strom zur Vermeidung von Unterbrechungen führen müssen, während die Schaltung vorgenommen wird, durch Herüberziehen der Kontaktschienen von einer Stellung zur anderen geschieht. Abb. 91 zeigt die Schaltung einer derartigen dreiphasigen Regelvorrichtung mit je einer Schaltwalze für jede Phase bei Dreieckschaltung.

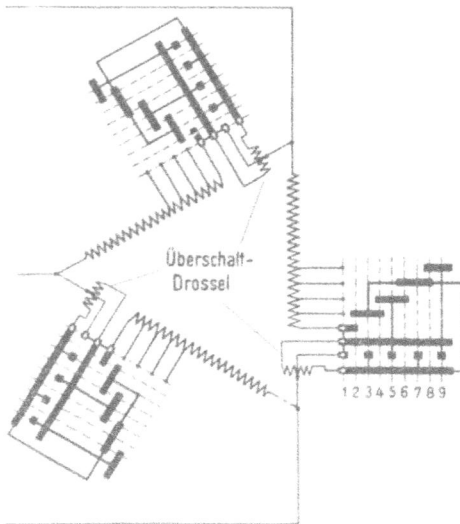

BTH - Schaltwalze

Abb. 91. Schaltung eines Reglers nach Abb. 89.

Der Antrieb Abb. 90 hat besondere walzenartige Kontakte für die Steuerung, damit eine Stufe richtig zu Ende geführt wird; eine Schnellschaltevorrichtung ist nicht vorhanden. Die Walzen werden in einphasiger Ausbildung mit dem entsprechenden Transformator zusammengebaut und bei Drehstrom durch Gelenkwellen zu einer Bank verbunden.

δ) Bauart MV.

Der Lastwähler dieser englischen Firma ist in den Abb. 92 und 93 dargestellt. Die drei Phasen der Abb. 92 sind in einem seitlichen am Transformatorgehäuse angebrachten Behälter mit getrenntem Öl untergebracht. Jede Phase ist auf zwei isolierenden Platten aus Bakelitpapier aufgebaut und hat ihre eigenen Maltesertriebe. Die beiden Kontaktbahnen liegen in der Achsrichtung hintereinander auf den horizontalen Isolierstäben, die in die Isolierplatten geschraubt sind. Die Ver-

Abb. 93. Transformator mit Regler Abb. 92.

Abb. 92. Lastwähler mit Antrieb (MV).

bindungsleitungen zwischen dem Transformator und den Kontaktbahnen sind durch eine isolierende Trennwand geleitet. In die untere Wand des Reglergehäuses ist die Schnellschalteeinrichtung eingebaut, so daß die Teile unterhalb dieser Wand, die zum Antrieb gehören, sich schleichend bewegen, während das Getriebe des Reglers unter der Wirkung der Schnellschaltvorrichtung sich sprungweise bewegt, sobald die treibende Welle des Antriebes die Schaltfeder um den Schaltweg einer Stufe gespannt hat, da die Verklinkung des Reglers in dieser Stellung erst aufgehoben wird.

Diese Lastwähler werden bis 120 A bei höchstens 33 kV und 11 oder 17 verschiedenen Spannungen ausgeführt.

Abb. 94 zeigt eine Regeleinrichtung der MV[1]) mit Quecksilberkontaktröhren für die Lastschaltung, welche naturgemäß nur für kleinere Verhältnisse geeignet sind. Die zulässige Stromstärke ist 15 A, die Höchstspannung des Netzes 11 kV, die Stufenzahl 10. Mit 6 Kontakten, von denen die geradzahligen an das eine, die ungeradzahligen an das andere Ende der Überschaltdrossel abgeschlossen sind, werden diese 10 Stufen = 11 Spannungen erzeugt, indem auch die Stellungen als Dauerstellungen benützt werden, in denen die Überschaltdrossel die Spannung teilt. Die Kontaktröhren sind in drei Bahnen übereinander für die drei Phasen kreisförmig

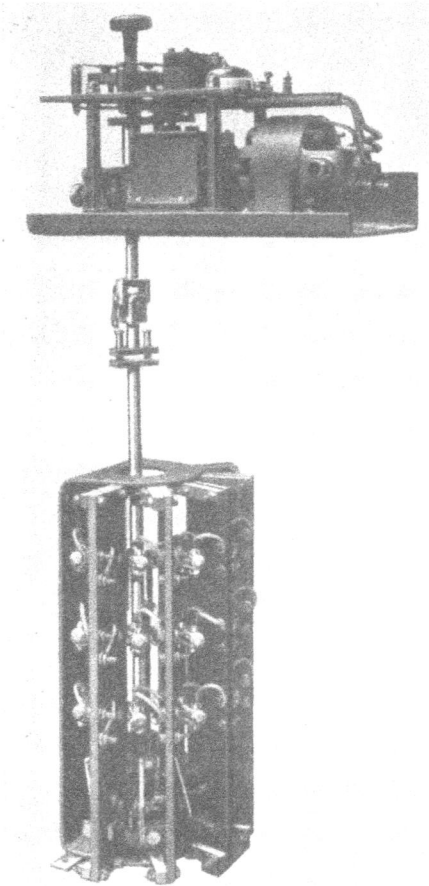

Abb. 94. Lastregler mit Quecksilberkontakten (MV).

um die Steuerwelle herum angeordnet und werden durch einen an der Welle befestigten Nocken hintereinander zum Kippen, also zum Öffnen und Schließen des Stromes gebracht. Da die Schaltungen in den geschlossenen Röhren erfolgen, so kann die Schaltvorrichtung ohne Bedenken im Ölgehäuse des Transformators oberhalb des Kernes untergebracht werden.

---

[1]) Diggle, M. V. Gaz, 15 (1935) S. 161.

b) Große Regelschaltwerke.

α) *Bauart SSW*[1]).

Die SSW bevorzugen auch bei großen Einheiten bis zu 30 kV die Ausführung der Schaltwiderstände für die Lastschalter in Form von Drosselspulen. Die Wicklungen dieser Schaltdrosselspulen haben die gleiche thermische Sicherheit wie die angezapfte Transformatorenwicklung; der Lastschalter kann also unbeschadet in jeder Zwischenstellung stehenbleiben. Lastschalter und Wähler werden kraftschlüssig durch den Antrieb betätigt, wodurch das sichere Zusammenarbeiten gewahrt bleibt.

Die beiden gleich großen Drosselzweige haben einen Eisenkern mit Luftspalten, der nur soweit gesättigt ist, daß die Charakteristik im Arbeitsbereich geradlinig bleibt. In der Stellung, in der beide Drosselzweige an der Spannung einer Stufe liegen, wird ein Ausgleichstrom in der Größe des halben Vollaststromes zugelassen, und der maximale Spannungsabfall, der durch die Drossel erzeugt wird, beträgt bei Vollast die Hälfte der Stufenspannung.

Abb. 95. Lastregler mit Lauflastschalter (SSW).

Abb. 96. Transformator mit angebauten Überschaltdrosseln (SSW).

Der infolge des induktiven Überschaltwiderstandes erschwerten Abschaltung des Laststromes wird begegnet einerseits durch einen Ohmschen Widerstand, der parallel zu den Drosselzweigen liegt und etwa $1/100$ bis $1/10$ des Ohmwertes hat, den der Blindwiderstand der Drossel beträgt, andererseits durch Verwendung von Kontakten aus Kupfer-Wolfram-Verbundstoffen.

---

[1]) Schwaiger, DVE-Fachber. 1935 S. 15; Schwaiger, ETZ 59 (1938) S. 281.

Über den Aufbau ist zu sagen, daß grundsätzlich das Öl des Lastschalters von dem des Wählers getrennt wird. Die Stufenregeleinrichtung befindet sich außerhalb des Transformatorkessels in einem seitlichen Anbau oder ist auf den Deckel aufgebaut. Abb. 95 zeigt einen
Lastschalter, »Lauflastschalter« genannt, mit Wähler und Wendekon-
takt zusammengebaut und von oben gesehen. Es handelt sich um die
besonders gedrängte Ausführung für Spannungen bis 30 kV. Abb. 96
stellt einen Regeltransformator in Sparschaltung für 15 000 kVA Durchgangsleistung und 33 kV $\pm$ 11% in $\pm$ 8 Stufen regelbar mit an den

Transformator angebauten Schaltdrosselspulen dar. Dieser Transformator erhält also für jede Phase
ein Regelschaltwerk nach Abb. 95.
Einen fertig zusammengebauten Regeltransformator mit aufgebautem
Regler und Antrieb für 5000 kVA
und zwei Wicklungen für 120 und
5000 V, regelbar in 16 Stufen in
Wicklungsmitte, zeigt Abb. 97 S. 137.

β) Bauart GE[1]).

Die General Electric verwendet
für größere Leistungen ausschließlich und seit einer langen Reihe von
Jahren Regelschaltwerke, bestehend
aus Lastschaltern und Wählern mit
Überschaltdrosseln, welche mit dem
Transformator zusammengebaut
werden, und zwar entweder mit
einem Wähler in einem Gehäuse
mit dem Transformator oder in
einem seitlich angebauten Gehäuse,
während der Lastschalter stets in

Abb. 98.
Einphasen-Regeltransformator mit Regelschaltwerk für kleinere Leistungen (GE).

einem vom Wähler getrennten Ölgehäuse untergebracht ist. Abb. 98
zeigt Lastschalter und Wähler in je einem besonderen Ölbehälter.
Beide sind auf Platten von Bakelitpapier aufmontiert, so daß die
Anschlüsse zwischen den aufmontierten Teilen und denen des Nach-
bargehäuses in bequemer Weise an Bolzen vorgenommen werden können, die diese Wände durchdringen. Die Bauart Abb. 98 für kleinere
Leistungen hat einen Wähler mit Doppelmaltesertrieb, der zugleich
für noch kleinere Leistungen ohne Lastschalter als Lastwähler Verwendung findet. Eine andere Bauart zeigen die Abb. 99 und 100, bei

---

[1]) S. Schrifttumsverz. unter »Bates, Blume und Palme«.

Abb. 99. Dreiphasen-Regeltransformator
mit Regelschaltwerk für kleinere Leistungen (GE).

Abb. 97.
Regeltransformator mit eingebautem Regelschaltwerk (SSW).

Abb. 100.
Lastschalter und Wähler des Reglers nach Abb. 99.

Abb. 101. Wähler für große Leistungen (GE) einphasig.

der Lastschalter und Wähler zu einer konstruktiven Einheit in einem Ölraum vereinigt sind, der sich ebenfalls seitlich am Transformatorenbehälter befindet. Abb. 99 zeigt die für amerikanische Verhältnisse neuartige dreiphasige Regelung an einem Drehstromtransformator. Die Antriebswelle des Reglers, welche die beiden Treiber der Maltesertriebe trägt, ist gleichzeitig mit der Antriebskurve für die beiden Lastschalter

Abb. 102.
Wie 101, jedoch
dreiphasig.

Abb. 103.
Wähler mit Spannungsteiler am Transformator (GE).

verbunden. Die Lastschalter zu beiden Seiten dieser Welle sind um 180° gegeneinander versetzt angeordnet und arbeiten daher genau wie die beiden Wähler nacheinander und im richtigen Takt mit diesen. Die Befestigungsbolzen der Kontakte sind auf der Hartpapierplatte aufgeschraubt und tragen die Anschlußschrauben auf der Rückseite. Der Antrieb und gegebenenfalls die selbsttätige Steuerung werden je in ein besonderes Gehäuse unterhalb der Regeleinrichtung eingebaut.

Der Wähler für große Leistungen und Stromstärken ist in den Abb. 101 und 102 dargestellt. Abb. 101 zeigt eine Kontaktbahn des-

Abb. 105. Motorantrieb (GE).

Abb. 104.
Lastschalter für große Leistungen (GE).

Abb. 107. Großer Regler (BTI).

Abb. 106.
Großer Regeltransformator, betriebsfertig (GE).

selben. Die mit den Anzapfungen verbundenen Kontaktstäbe bilden einen Käfig um die Antriebswelle herum und liegen parallel zu dieser. Ein um die Antriebswelle gelagertes Exzenter gibt den Laufkontakten eine Zykloidenbewegung, durch welche die Laufkontakte nahezu in radialer Richtung auf die feststehenden Stäbe auflaufen. Je größer die Stromstärke ist, desto mehr Kontaktpaare kommen nebeneinander zur Anwendung, was mit einer Verlängerung der Stäbe verbunden ist, während die die Kontaktstäbe tragenden Isolierplatten und die zur Mechanik gehörenden Bauteile für die verschiedenen Stromstärken bis zu 1000 A gleich sind. Abb. 102 zeigt die dreiphasige Wählerhälfte und Abb. 103 den mit den Wähler und der Überschaltdrossel zusammengebauten dreiphasigen Transformator. Dieser Wähler wird stets in einem Ölraum mit dem Transformator eingebaut, das aussetzende Zahnrädergetriebe des Wählers befindet sich an der Stirnseite desselben. Abb. 104 stellt eine Phase des zugehörigen Lastschalters dar. Dessen beide Kontakte werden durch eine am unteren Ende der mittleren Welle befindliche Kurvenscheibe gesteuert. Die Kontakte sind auf Durchführungsisolatoren aufgebaut, die Antriebsstange ist ein Hartpapierrohr, und die Hauptkontakte haben besondere Abbrennkontakte. Die Anschlüsse sind an den rückseitigen Enden der Durchführungen. Am oberen Ende der mittleren Welle ist der Kegeltrieb eingebaut, von dem aus die Antriebswelle des Wählers in das Innere des Transformatorgehäuses geleitet wird. Abb. 105 zeigt den Motorantrieb mit einem Stirn- und Kegelradgetriebe, den Walzenkontakten für die Steuerung der einzelnen Stufe, den Umschaltschützen mit dem Motor, dem Endausschalter, dem Zählwerk und den Sicherheitsvorrichtungen, die die gleichzeitige Betätigung des Hand- und Motorantriebes verhindern und den Motor schützen. Der auf Abb. 106 abgebildete betriebsfertige Transformator zeigt das Gehäuse für die Lastschalter und das darunter befindliche Antriebsgehäuse. Dieser Transformator ist ein Spartransformator für 34,5 kV und 36 000 kVA Durchgangsleistung.

γ) Bauart BTH.

Große Regelschaltwerke werden in vom Transformator getrennter Bauart nach Abb. 107, und zwar gewöhnlich in dreiphasiger Ausführung bis 66 kV und 2000 A hergestellt. Der Transformator erhält eine seitliche Anordnung von Klemmen für die Leitungen, welche die Wähler mit den Anzapfungen des Transformators verbinden. Der Regler wird mit einer entsprechenden Anschlußvorrichtung versehen, so daß zwischen diesen beiden Klemmvorrichtungen nur kurze Verbindungsleitungen nötig sind, um den Regler anzuschließen. Die normale Anordnung ist daher Seite an Seite. Bevorzugt wird die dreiphasige Anordnung. Die Wähler und Lastschalter (letztere nach Abb. 107a für 500 A, nach Abb. 107b sogar für 2000 A) entsprechen in ihrer Kinematik etwa den entsprechenden Reglerteilen der GE.

Abb. 107a.

Abb. 107b.

δ) *Bauart MV*[1]).

Die großen Regelschaltwerke dieser Firma entsprechen. grundsätzlich denen der GE. in Bezug auf den konstruktiven Aufbau der Wähler.
Abb. 108 zeigt eine Wählerhälfte einer Phase, die gleichfalls mittels

[1]) Diggle, MV-Gaz 15 (1935) S. 124.

Abb. 108. Wähler für große Leistungen (MV).

Abb. 109.
Kompletter Regler für große Leistungen (MV).

eines auf der treibenden Welle sitzenden Exzenters angetrieben wird und den Kontakten eine Zykloidenbewegung erteilt. Wesentlich unterscheidet sich dagegen der Antrieb und die Anordnung der Lastschalter, die in Abb. 109 zu erkennen sind. Die beweglichen Kontakte derselben befinden sich unterhalb des Gehäuses für die Wähler und sind an Rohren aus Bakelitpapier befestigt. Der Lastschalterkasten ist mitsamt dem Öl desselben absenkbar angeordnet, und die Kontakte sind daher leicht zugänglich. Die nebeneinanderliegenden sechs Lastschalterkontakte, je zwei für jede Phase, werden durch ein Getriebe betätigt, dessen Seitenansicht Abb. 110 zeigt. Gleichzeitig ist hier der Doppelmaltesertrieb für die beiden Wählerhälften zu sehen. Unter diesem liegen die Kniehebelantriebe für die Lastschalter, durch die den Kontakten eine Schnellbewegung beim Öffnen erteilt wird. Hier wird also der Abbrand der Lastschalterkontakte beim Öffnen durch die Schnellschaltung vermindert.

Abb. 111 zeigt den dreiphasigen Kern eines 15000 kVA-Transformators mit Wicklung und Überschaltdrossel, oben links ist die Isolationsplatte zu sehen, durch die die Anschlüsse an den Wähler geleitet werden. An dieser Schmalseite befinden sich also das Gehäuse mit den Wählern und unter diesen die Lastschalter.

Abb. 110.
Getriebe des Reglers Abb. 109.

2. Widerstandsschaltungen.

a) Niederspannungskleinregler.

Die Niedervoltkleinregler stellen ein besonders schwieriges Gebiet der Regeltransformatoren dar, weil bei diesen grundsätzlich alle Einrichtungen wie bei großen Regeleinrichtungen vorhanden sein müssen,

Abb. 111. Transformatorenkern mit Überschaltdrossel (MV).

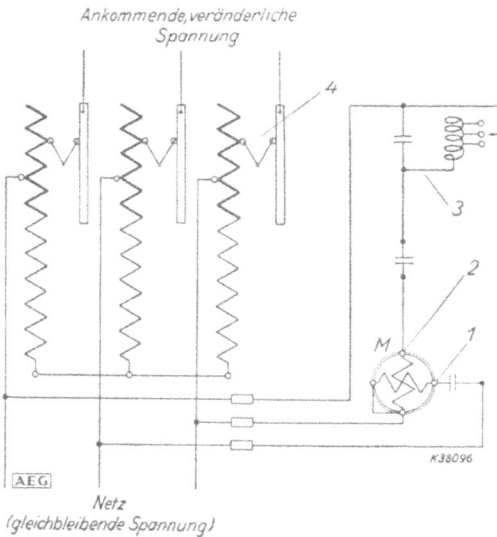

Ankommende, veränderliche
Spannung

AEG

Netz
(gleichbleibende Spannung)

Abb. 112. Schaltplan des Relo-Reglers (AEG).

wobei aber der Preis im Verhältnis zu dem kleinen Objekt verhältnismäßig gering sein muß, wenn sich die Anschaffung derartiger Regler rentieren soll. Weiter kommt erschwerend hinzu, daß diese Regler mit automatischem Antrieb versehen sein müssen, weil in den ländlichen Bezirken, in denen dieselben meist in Betracht kommen, mit einer regelmäßigen Bedienung nicht zu rechnen ist. Die Aufstellung erfolgt meist auf Masten im Freien, es sind also sämtliche erschwerenden Bedingungen gegeben.

x) *Bauart AEG.*

Die ersten Niederspannungskleinregler bestanden aus einem Spartransformator, der gewöhnlich als Trockentype ausgebildet wurde, und einem angebauten dreipoligen Regelschalter mit einer einzigen kreisförmigen Kontaktbahn für ± 4 Stufen bei 100 A oder ± 6 Stufen bei 200 A Durchgangsstrom[1]). Die Kontakte arbeiteten mit Zu- und Gegenschaltung und mit Schnellbewegung der beweglichen Lastschalterkontakte. Zur selbsttätigen Betätigung dieser Regler dienten entweder spannungsabhängige Instrumente mit einem Doppelkontakthebel und Zeitrelais zur Verhinderung unnötiger Schaltungen oder Impulskontaktgeber, die alle 15 s einen Impuls von etwa 2 s Dauer geben und die Schaltung einer Stufe veranlassen.

Abb. 113.
Ansicht des Relo-Reglers (AEG) ohne Gehäuse.

Abb. 114.
Ansicht des Relo-Reglers (AEG)
im Gehäuse.

In neuerer Zeit baut die AEG. einen relaislosen Netzregler, den sogenannten AEG-Relo-Regler[2]). Bei diesem ist die Automatik mit dem Trans-

---

[1]) Bölte, AEG-Mitt. 1934 S. 83.
[2]) Krämer, VDE-Berichte 1936 S. 128; Bölte, AEG-Mitt. 1937 S. 74.

formator und der Kontakteinrichtung zu einer konstruktiven Einheit verbunden. Der Schaltplan Abb. 112 zeigt, daß der Antriebsmotor zwei Wicklungen hat. Die eine derselben, die Hilfsphase, erhält dauernd einen Strom geeigneter Phasenlage, während die zweite Phase, die Regelphase, von einem spannungsabhängigen Organ gespeist wird, das ihr bei Spannungserhöhung einen nacheilenden, bei Spannungssenkung einen voreilenden Strom zuführt. Ist die Ist-Spannung gleich der Soll-Spannung, so ist die Phasenverschiebung zwischen beiden Phasen Null, und der Motor hat kein Drehmoment. Beim Steigen oder Sinken der Spannung erhält der Motor ein Drehmoment im einen oder anderen Sinne und verstellt die Kontaktvorrichtung so lange, bis die richtige Spannung erreicht ist.

Den konstruktiven Aufbau eines AEG-Relo-Reglers für 380 V 50 A zeigen die Abb. 113 und 114. Der ganze Regler, bestehend aus einem Spartransformator, der Kontakteinrichtung, dem Motor mit dem Getriebe und den zum Steuerkreis gehörenden Teilen, wird in einem geschlossenen Ölgehäuse untergebracht. Der dreischenkelige Transformator hat außenliegende Regelwicklungen mit je einer blankgemachten Zone als Kontaktbahn, so daß die Kupferrollenkontakte durch Entlangrollen an dieser blanken Zone in Achsrichtung des Schenkels den Strom abnehmen können. Die Wicklung ist zweigängig, so daß benachbarte Windungen stets verschiedenen Wicklungen angehören, die durch einen Widerstand miteinander verbunden sind. Berührt eine Kontaktrolle gleichzeitig zwei benachbarte Windungen, so fließt ein durch den Widerstand begrenzter Ausgleichsstrom. Die beweglichen Kontakte werden durch einen Kettentrieb bewegt, welcher über ein Stirnrädergetriebe durch den unterhalb des Kernes liegenden Motor angetrieben wird.

β) Bauart K. & St.

Dieser Kleinregler (Abb. 115) wird nicht nur für Niederspannungsnetze geliefert, sondern findet auch für Laboratoriumszwecke und in all denjenigen Fällen Anwendung, wo Niederspannung bei geringer Stromstärke bis etwa 25 A feinstufig geregelt werden soll. Die Wick-

Abb. 115. Regler mit Kohlerollen (K & St).

lung eines Transformators mit geraden Schenkeln oder eines ringförmigen Eisenkerns wird stellenweise blank gemacht, so daß eine Kontaktbahn entsteht, auf der Kohlerollen als Stromabnehmer entlangrollen. Solange zwei benachbarte Windungen durch eine Rolle gleichzeitig berührt werden, fließt ein Ausgleichstrom über die Rolle, der durch den Widerstand der Kohle begrenzt wird. Der Antrieb geschieht mittels Motor und Automatik in Form von spannungsabhängigen Relais mit oder ohne besondere Zeitrelais, von Hand oder durch einen Schnellregler von Neufeld und Kuhnke nach Thoma. Der Einbau wird in Luft oder unter Öl vorgenommen.

γ) Bauart SSW.

Im Gegensatz zu den vorher beschriebenen Ausführungen mit sehr feinstufiger Regelung haben die SSW. einen Niederspannungskleinregler mit zwei oder vier Stufen gebaut, der mit der beträchtlichen Zeitverzögerung von durchschnittlich 40 s arbeitet. Die einzelnen Schaltorgane sind durch Synchronmotoren angetriebene Schnellschalter, welche einzeln mit Gehäusen versehen und an den Transformator angebaut werden. Bei diesem Kleinregler wird die Spannungsveränderung durch Zu- und Gegenschaltung eines Zusatztransformators vorgenommen.

δ) Bauart MV.
(Abb. 116).

Die MV. lehnen sich in der Ausführung ihrer Kontakteinrichtung an die ursprüngliche AEG.-Bauart an. Spartransformator, dreiphasige Kontaktbahn und Spannungskontaktinstrument sind in einen Schaltschrank eingebaut. Die Ausführung kann auch einphasig vorgenommen werden, die zulässige Stromstärke ist 150 A. Die Überschaltwiderstände sind in Form von Spiralen auf die Doppelkontakte jeder

Abb. 116.
Niederspannungs-Kleinregler (MV).

Abb. 117. Einheitstransformator mit zweistufigem Kleinregler
für ± 4% Spannungsänderung (AEG).

Phase gesetzt und machen mit diesen die sprungweise Bewegung mit. Die Schnellschaltung, die auf dem Bilde nicht zu sehen ist, geschieht mittels einer an einer Kurbel ziehenden V-förmig angeordneten Doppelschraubenfeder.

Außer den geschilderten Netzreglern werden Niederspannungskontaktbahnen häufig für Innenraumaufstellung verwendet, die dem Zellenschalter ähnlich sehen. Grundsätzlich kann jeder Zellenschalter als Regelschalter für Anzapftransformatoren benutzt werden, wenn die Spannungsverhältnisse und die Größe der Überschaltleistung einer Stufe für den betreffenden Zellenschalter passen.

b) Mittelspannungskleinregler.

Um bei Einheitstransformatoren, die bekanntlich bis zu Leistungen von 100 kVA genormt sind und kleineren Verteilungstransformatoren

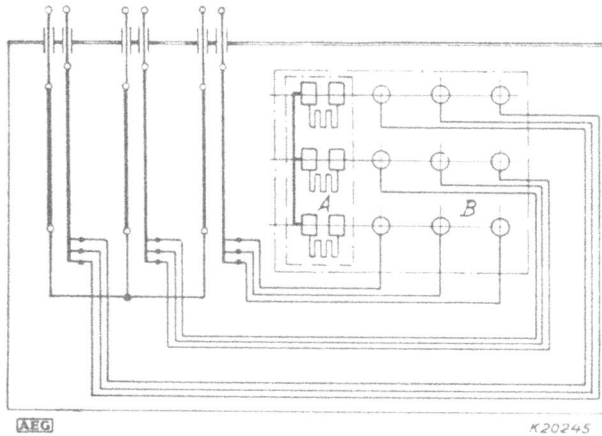

Abb. 118. Schaltplan des Mittelspannungs-Kleinreglers (AEG).

mit Leistungen bis zu einigen hundert kVA die oberspannungsseitig vorgesehenen Anzapfungen unter Last einstellen zu können, sind einfache Kleinregler mit Handantrieb entwickelt worden. Sie sollen ebenso wie die älteren nur spannungslos zu betätigenden Anzapfwähler gestatten, die Übersetzung in wenigen Stufen verändern zu können, ohne jedoch die Abtrennung des Transformators vom Netz während der Umschaltung erforderlich zu machen. Die Regelung erfolgt gewöhnlich in 2 Stufen von je 4% oder in 4 Stufen von je 2,5% der Normalspannung. Da die Schaltleistung nur wenige kVA beträgt, werden solche Kleinregler unmittelbar in den Transformatorenkessel eingebaut.

χ) *Bauart AEG.*

Der Kleinregler der AEG. ist, wie Abb. 117 zeigt, als vertikaler Walzenschalter ausgebildet und so angeordnet, daß nur eine geringfügige Verlängerung des Kastens gegenüber der normalen Bauart notwendig ist. Die am Sternpunkt der Oberspannungswicklung liegenden Anzapfungen sind zu den äußeren, an einem Hartpapierrohr befestigten Kontakten des Reglers geführt; sie sind als Rollenkontakte ausgebildet, um einen leichten Lauf des Schalters zu gewährleisten. Die bewegliche Schaltwalze im Innern des Hartpapierrohres trägt die den Sternpunkt bildenden Hauptkontakte mit den Vorkontakten und Überschaltwiderständen (vgl. Abb. 118). Die Welle des beweglichen Reglerteiles ist durch eine Stopfbuchse im Deckel des Ölkastens hindurchgeführt. Die Einrichtung zur Schnellschaltung liegt oberhalb des Deckels und ist durch Kegelräder mit der Schalterwelle verbunden. Als Antriebsorgan dient eine Handkurbel, die für jede Stufenschaltung eine volle Umdrehung auszuführen hat, während welcher der aus 2 parallelgeschalteten Spiralfedern bestehende Kraftspeicher langsam gespannt und plötzlich entladen wird. Das Öl im Innern des Walzenschalters ist von der übrigen Ölfüllung des Kastens nicht abgetrennt, weil, wie viele tausend Schaltungen unter Last gezeigt haben, eine Verunreinigung des Öles und eine Verschlechterung seines Isolationswertes nicht zu befürchten ist.

Abb. 119. Verteilungstransformator mit zweistufigem Mittelspannungs-Kleinregler (SW).

Abb. 120. Sternpunkts-Kleinregler für 50 A (V & H).

Abb. 121. Luft-Lastwähler (SW).

β) *Bauart SW.*

Eine ähnliche Ausführung zeigt der Kleinregler des SW. nach Abb. 119 für 2 Stufen. Er arbeitet ebenfalls nach dem Prinzip der Widerstandsschnellschaltung und ist als Sternpunktsregler ausgebildet. Das die festen Kontakte tragende zylindrische Hartpapiergehäuse ist jedoch völlig abgeschlossen und besitzt eine eigene Ölfüllung.

γ) *Bauart V. & H.*

Abb. 120 zeigt einen Sternpunktslastschalter von V. & H. für maximal 50 A Nennstrom. Er kann wie die vorgenannten Kleinregler in den Kessel kleiner und mittlerer Verteilungstransformatoren eingebaut werden. Im Innern des geschlossenen rohrförmigen Hartpapiergehäuses befindet sich die drehbare Kontaktwalze. Die Überschaltwiderstände sind jedoch nicht eingebaut, sondern befinden sich außerhalb des Hartpapiergehäuses und werden zwischen die mit den Transformatoranzapfungen zu verbindenden feststehenden äußeren Hauptkontakte und die diesen zugeordneten festen Vorkontakte geschaltet. Die Zahl der Überschaltwiderstände pro Phase entspricht also der Stufenzahl. Bei der Betätigung wird zunächst eine Feder gespannt, welche die Kontaktwalze nach Auslösen einer Raste auf die nächste Stufe weiterschaltet. Die Schaltdauer beträgt 0,06 s.

c) Lastwähler in Luft.

Für Ströme bis zu 200 A und Netzspannungen bis 30 kV werden

Lastwähler für Innenraumaufstellung von AEG. und SW. als **Lufttype** hergestellt. Da die Kontakte in Luft befindlich sind, ist die
Schaltleistung je Stufe und Phase höchstens 20 kW, und die Aufstellung
kann nur in Innenräumen vorgenommen werden. Mit Rücksicht auf die
zu bewältigende Schaltleistung kommen Transformatoren bis zu mehreren tausend kVA in Betracht, welche sämtliche Anzapfungen über den
Deckel geführt haben. Der Regler kann außen am Gehäuse oder ganz
für sich an einer benachbarten Wand oder auf dem Fußboden angebracht

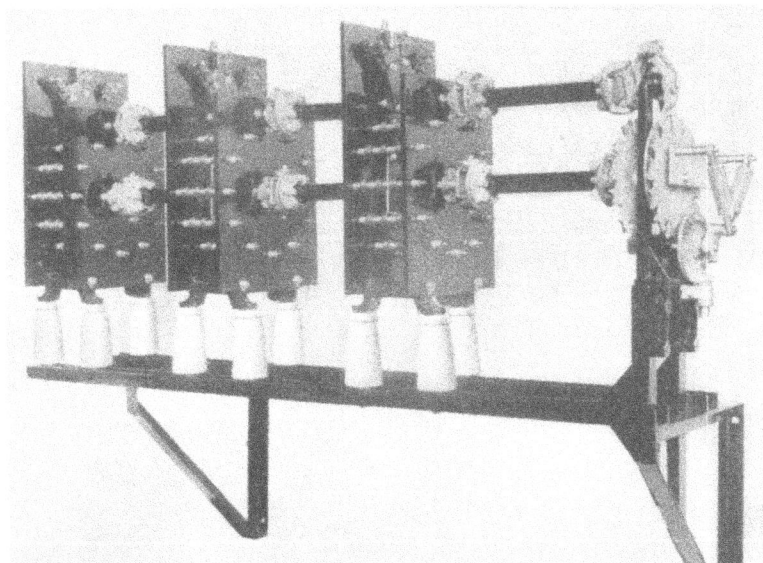

Abb. 122. Luft-Lastwähler (AEG).

werden, und sämtliche Verbindungsleitungen zwischen der Wicklung und
dem Regler sind durch die Luft an diesen zu führen. Da diese Anordnung etwas sperrig ist, so wird man sie nur bei besonderen Veranlassungen
wählen, beispielsweise wenn ein geeigneter vorhandener Transformator
nachträglich mit Lastregelung versehen werden soll.

Die Anordnung ist aus den Abbildungen ersichtlich. Die drei Phasen
sind getrennt aufgebaut und werden durch Wellen miteinander verbunden, die bei Sternpunktsregelung nicht isolierend ausgeführt zu sein
brauchen. Um ein Stehenbleiben in einer Zwischenstellung zu vermeiden,
wird nach der Abb. 121 (Sachsenwerk) eine sehr kräftig wirkende Rasten-
vorrichtung, nach Abb. 122 (AEG.) eine Schnellschaltevorrichtung verwendet, die die Lastschalterkontakte antreibt. Abb. 122 ist auch mit
einer Umschaltevorrichtung versehen, so daß bei 12 Kontaktstäben 20
Stufen erzielt werden. Jeder Kontaktstab ist mit einer Anzapfung ver-

Abb. 124. Öl-Lastwähler für 45 kV (AEG).

Abb. 123. Kontakteinrichtung des Reglers Abb. 122.

Abb. 126. Öl-Lastwähler 20 kV (AEG).

Abb. 125. Öl-Lastwähler 45 kV (AEG).

bunden, und das Netz ist über einen Schleifring mit dem drehbaren Kontaktteil verbunden, der zugleich die Überschaltwiderstände trägt. Abb. 123 stellt die Kontakteinrichtung eines Lastwählers der AEG. dar, der, von oben gesehen, die mit Rollen versehenen festen Kontaktstäbe und die bewegliche Kontakteinrichtung mit den aufgebauten Widerständen zeigt.

Lastwähler unter Öl werden gewöhnlich mit dem Transformator zusammengebaut. Die älteste Bauart ist die der AEG. aus dem Jahre 1932. In der neuesten Zeit sind durch die Entwicklungsarbeiten von Dr. Jansen zwei äußerst interessante Typen entstanden, Meisterwerke der Kinematik. Diese drei Typen werden nachstehend beschrieben.

α) *Bauart AEG.* (Abb. 124 bis 126)[1].

Der Lastwähler wird nur einphasig ausgeführt und auf die Deckeldurchführung aufgebaut. Die Durchführung ist für 12 Leitungen und die durchgehende Antriebswelle ausgebildet und mit dem Öl des Transformators gefüllt; oben ist sie mit einer öldichten Trennwand versehen. Sie trägt einen Glaszylinder als Reglergehäuse, das den Lastwähler umschließt. Die feststehenden Kontakte werden durch einen abnehmbaren Korb aus zwölf senkrechten Kontaktstäben getragen, und die Anzapfungen werden in der Reihenfolge der ansteigenden Spannung angeschlossen. In den Korb wird die bewegliche Kontaktvorrichtung mit der Sprungschalteinrichtung eingebaut. Die Kontakte mit den Widerständen sind um die senkrechte Antriebswelle drehbar gelagert und bewegen sich sprungweise um je einen Schaltschritt. Hierbei wird der Schaltvorgang der Abb. 42 durchlaufen. Kontakte und Widerstände sind starr miteinander verbunden.

Das Sprungschaltwerk hat eine feststehende Zahnscheibe und zwei Festhalteklinken. Hat die treibende schleichend bewegte Welle unter Spannung der Schaltfedern etwa die neue Schaltstellung erreicht, so wird eine der Klinken angehoben und dadurch die Sprungbewegung ausgelöst. Haben die beweglichen Kontaktteile die neue Schaltstellung erreicht, so werden sie durch die eine der Klinken festgehalten.

Die Lastwähler werden für 200 A und bis 45 kV gebaut, die Stufenzahl beträgt 10 ohne Umschaltvorrichtung, 2 × 10 bei einpoliger und ± 6 bei zweipoliger Umschaltung.

β) *Bauart Dr. Jansen 1936/37* (Abb. 127)[2].

Gänzlich neuartig ist der Zusammenbau mit dem Transformator. Das Reglergehäuse wird am Transformatorendeckel aufgehängt und ragt nach unten in den Ölraum des Transformators hinein, während über den

---

[1] Bölte, AEG-Mitt. 1934 S. 83.
[2] Jansen, ETZ 58 (1937) S. 874.

Deckel nur eine niedrige Haube für die Welleneinführung und die Anzeigevorrichtung ragt. Die Lastwähler werden ein- und dreiphasig ausgeführt, in letzterem Fall gemäß der Abb. 127 werden die drei Phasen
in drei Etagen übereinander angeordnet. Am Gehäuse, im Bilde mit
»Trafoeinsatz« bezeichnet, befinden sich in der entsprechenden An-

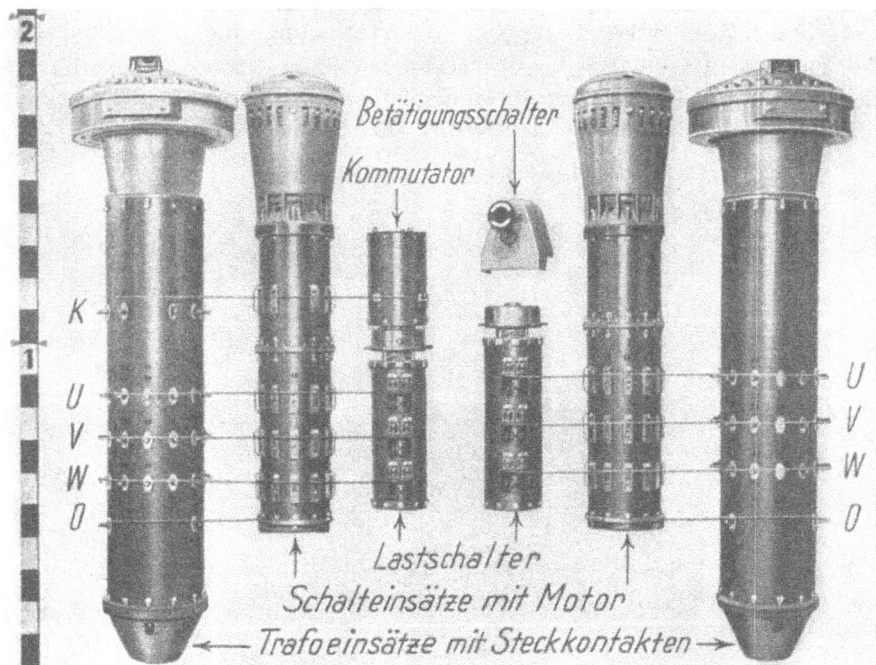

Abb. 127. Öl-Lastwähler zum Einbau unter Deckel (Jansen).

ordnung die Anschlüsse für die Anzapfungen. Der ganze Lastwähler wird
von oben in das Gehäuse eingelassen und mittels Steckkontakten angeschlossen. Die feststehende Kontaktvorrichtung, im Bilde »Schalt-
einsatz« genannt, besteht aus einem Isolierrohr mit bei jeder Phase im
Kreise angeordneten Kontakten. Die bewegliche Kontaktvorrichtung,
der »Lastschalter«, ist unterteilt in ein zur Mittelachse exzentrisch
gelagertes Isolierrohr mit den eingebauten Widerständen und den abgefederten zugehörigen Rollenkontakten und die konzentrisch zur Mittelachse gelagerten gleichfalls abgefederten Hauptkontakte. Beide Kontakte bewegen sich nach verschiedenen Gesetzmäßigkeiten. Sie werden
durch eine Exzentervorrichtung so angetrieben, daß bei Schaltung einer
Stufe gemäß dem Schaltvorgang der Abb. 43 erst die Widerstandskontakte eine Brücke zur neu einzuschaltenden Anzapfung herstellen, dann

die Hauptkontakte in tangentialer Richtung zum neuen Kontakt wandern, während die Überbrückung der Stufe durch die Widerstandskontakte aufrechterhalten bleibt und schließlich die Widerstandskontakte die Überbrückung aufheben und in eine symmetrische Lage zu ihrem Hauptkontakt gehen. Dies ist die Dauerstellung, in der die Widerstände nicht stromdurchflossen sind. Die Widerstandskontakte bewegen sich in einer Zykloide mit ihrem Tragrohr und den Widerständen, und dieses Rohr steuert zugleich die Bewegung der Hauptkontakte.

Die geschilderte Bewegung der beiden Kontaktvorrichtungen vollzieht sich unter der Einwirkung einer Schnellschaltevorrichtung in einem Sprung. Die Schaltfeder hierzu und das Getriebe sind oberhalb der

Abb. 128. Öl-Lastwähler nach Jansen (V & H).

Kontaktvorrichtung angeordnet. Die ganzen Innenteile des Reglers bilden ein zylindrisch geformtes Gesamtgebilde, und zum Einsetzen desselben in das Gehäuse ist eine genaue Führung vorgesehen. Das Gehäuse schließt in genügend dichter Weise das Öl des Reglers gegen das des Transformators ab, und die Überwachung des Regleröles geschieht durch ein besonderes Buchholzrelais.

Abbildung 127 zeigt nebeneinander im gleichen Maßstab zwei Ausführungen, und zwar links einen in seine drei Hauptteile zerlegten Lastwähler mit ± 10 Stufen für 30 kV 200 Amp. mit eingebautem Wender, rechts die gleiche Ausführung, jedoch ohne Wender und nur mit 10 Stufen, aber mit vergrößerten Kriechstrecken und daher bis 45 kV ausreichend. Die in gleicher Höhe liegenden Kontakte der im zusammengebauten Zustand konzentrisch zueinander liegenden rohrförmigen Hauptbestandteile sind auf dem Bild durch Bezugslinien miteinander verbunden.

γ) Bauart V. & H.[1]).

Diese im Jahre 1934 und 1935 ausgeführten Jansenschalter unterscheiden sich gleichfalls von den vorher beschriebenen Lastwählern der AEG. dadurch, daß die Kontakte keine einfache Bewegung auf dem Kreisumfang um den Betrag des Winkelabstandes zwischen zwei benachbarten feststehenden Kontakten machen. Ferner wird die Antriebswelle nicht konzentrisch mit der Durchführung durch diese geleitet, sondern seitlich derselben angeordnet. Die durchgehende gemeinsame Antriebswelle befindet sich auf dem Transformatorendeckel an Erdpotential, und die zu jeder einzelnen Phase senkrecht nach oben führende Antriebswelle ist als Isolierwelle aus keramischem Werkstoff hergestellt. Die Durchführung ragt nach unten vom Transformatorendeckel, auf welchen sie aufgebaut ist, in das Transformatorenöl hinein und trägt an ihrem unteren Ende die im Kreisring angeordneten Anschlüsse für die Verbindungsleitungen zwischen den Anzapfungen und den feststehenden Kontakten des Lastwählers, so daß diese sämtlichen Leitungen durch die Durchführung gehen.

Der aus drei einphasigen Reglern bestehende Lastwähler der Abb. 128 wird für Stromstärken bis 800 A ausgeführt. Die feststehenden Kontakte jeder Phase liegen mit ihren Mit-

Abb. 129. Öl-Lastwähler nach Jansen (V & H) angebaut.

Abb. 130. Öl-Lastwähler für kleinere Leistungen angebaut (V & H).

[1] Haag und Schwenk, ETZ 54 (1933) S. 199.

tellinien in der Mantellinie eines Kegels, und die beweglichen Kontaktteile
bewegen sich auf diesen Mantellinien von und nach der Spitze des Kegels
hin und her, wobei jedesmal eine Lastschaltung vollzogen wird. Damit
eine Fortschaltung über alle Anzapfungen vorgenommen wird, bewegen
sich aber die beweglichen Kontaktteile außerdem noch in tangentialer
Richtung. Zur Steigerung der Kurzschlußsicherheit werden Rundkontakte
verwandt, die sich beim Umschalten unter Last auf konzentrisch stehende
Bolzen aufschieben. Abb. 129 stellt einen ähnlichen Regler im Zusammenbau mit einem Leistungstransformator dar. Die Leitungsanschlüsse am
unteren Ende der Durchführung sind zu erkennen. Für kleinere Stromstärken bis 150 A wurde im Jahre 1934 ein Lastwähler gebaut, der in
die erweiterte Öffnung einer Durchführung eingebracht wird. Abb. 130
zeigt drei solche einphasigen Regler in fertig montiertem Zustand auf dem
Deckel eines Transformators.

d) Große Regelschaltwerke.

Bei den Regeleinrichtungen für Transformatoren großer und größter
Leistungen bevorzugt man eine Unterteilung in den stromlos schaltenden Wähler und den eigentlichen Lastschalter, der dem Funken-
entzieher großer Zellenschalter für Akkumulatoren entspricht und wie
dieser das Schaltfeuer von der Kontaktbahn fernhält und an einige wenige
leicht zugängliche und auswechselbare Kontakte verlegt. Zur Erzielung
großer Schaltleistungen wird der Lastschalter heute stets in einen Ölbehälter eingebaut, der wegen der durch den Schaltvorgang hervorgerufenen Verunreinigung des Öles vom Transformatorenkasten völlig abgeschlossen ist. Auch der Wähler wird im allgemeinen zur Erreichung
einer gedrängteren Bauart unter Öl angeordnet, und zwar setzt man ihn
gewöhnlich unmittelbar neben oder über den Kern in den Transformatorenkasten hinein. Dadurch wird die Verbindung der zahlreichen
Wicklungsanzapfungen mit den Wählerkontakten sehr vereinfacht. Obwohl vom Standpunkte der Betriebssicherheit nichts gegen diese Bauweise spricht, führt man bei Großtransformatoren bisweilen eine Trennung des Wählers vom Transformator durch. Man setzt also den Wähler
in einen Kastenanbau, der durch eine Hartpapierwand, durch welche
die Anzapfleitungen öldicht hindurchgeführt sind, gegen den Transformatorkasten abgeschlossen ist. Dadurch ist die Möglichkeit gegeben,
nach Ablassen des Öles aus dem Kastenanbau, an den Wähler heran-
zukommen, ohne den Transformatorkern ausheben zu müssen.

Wenn es sich darum handelt, einen mit über Deckel geführten Anzapfungen versehenen Transformator großer Leistung nachträglich mit
einer Stufenregeleinrichtung zu versehen, so kommen getrennte Regelschaltwerke in Betracht. Meistens handelt es sich dabei um geringere
Spannungen und Innenraumaufstellung, weshalb man in solchen Fällen

den Wähler meistens als Lufttype ausbildet, um den Wählerkasten mit den erforderlichen Durchführungen zu sparen.

α) Bauart AEG.

Die ältesten Regeleinrichtungen wurden grundsätzlich getrennt vom Transformator aufgestellt. Da es damals Freiluftausführungen noch nicht gab, wählte man Luftkontakt-bahnen mit Spindelantrieb, so wie sie vom Zellenschalter her bekannt waren. Auch der Lastschalter arbei tete in Luft. Er hatte noch keine Schnellschaltung, weshalb die Über-schaltwiderstände sehr reichlich be-messen werden mußten. Abb. 131 zeigt eine solche Ausführung, die heute nur noch geschichtliches Interesse be-sitzt. Sie wurde bis zu Spannungen von 30 kV verwendet. Die entspre-chende neueste Ausführung für ge-trennte Aufstellung im Innenraum für 7500 kVA, 30 kV in 6 Stufen zeigt Abb. 132. Die Wähler befinden sich ebenfalls in Luft, besitzen jedoch eine kreisförmige Kontaktbahn. Die Lastschalter arbeiten nach dem Jan-sen-Schnellschaltprinzip, sind in Öl-behältern eingeschlossen und über den Wählern angeordnet. Die gemeinsame Betätigung erfolgt durch den untenliegenden Motorantrieb.

Abb. 131. Getrennte Regeleinrichtung mit geradliniger Luftkontaktbahn (AEG).

Seit Jahren wird indessen die Regeleinrichtung fast ausschließlich mit dem Transformator baulich vereinigt. Dabei wird der Lastschalter mit seinem Ölbehälter auf eine Durchführung gesetzt und der Wähler normalerweise unmittelbar in den Transformatorkasten versenkt. Die Kupplungswelle zwischen Wähler und Lastschalter liegt ebenso wie die elektrischen Verbindungsleitungen im Innern des Durchführungsisolators. Da die Durchführungen für den Transport abgenommen werden müssen, sind die mechanischen und elektrischen Verbindungen lösbar eingerichtet, d. h. als Steckkupplung und Steckkontakte ausgebildet.

Die Standardausführung für den Leistungstransformator bildet die Sternpunktsregelung, bei der die 3 Lastschalter einerseits und die 3 Stufenwähler anderseits zu je einem einzigen Apparat baulich vereinigt werden. Ein Ausführungsbeispiel hierfür bietet Abb. 133, die einen aus dem Kasten gehobenen Dreiwicklungstransformator für 20/20/20 MVA bei 110/77/23 kV zeigt. Es sind 2 Sternpunktsregler vorgesehen, nämlich einer für die 110-kV-Wicklung mit $\pm$ 7 Stufen zu je 2% und ein weiterer für die 23-kV-Seite mit $\pm$ 3 Stufen zu ebenfalls je 2%. Die auf den Durchführungen senkrecht über den Wählern sitzenden dreiphasigen Last-

Abb. 132. Getrennter Regler mit kreisförmiger Luftkontaktbahn und Öl-lastschaltern (AEG).

schalter bilden die jeweiligen Sternpunkte. Im Bilde sind die Öltöpfe der Lastschalter abgenommen.

In Abb. 134 ist ein 30-MVA-Transformator mit Sternpunktsregelung auf der 100-kV-Seite in $\pm$ 8 Stufen zu je 1,5% dargestellt. Der auf dem Sternpunktsisolator sitzende Lastschalterkasten und der auf der Vorderseite senkrecht darunter befestigte Motorantrieb sind leicht zu erkennen.

Bisweilen wird, wie aus Abb. 135 hervorgeht, für den Wähler ein besonderer Kastenanbau vorgesehen, der gegen den Transformator durch
eine Hartpapierwand abgesperrt ist und von außen mittels abschraub-
barer Verschlußplatten leicht zugänglich ist. Die Verbindungsleitungen
von den Wicklungsanzapfungen zum Wähler sind öldicht durch die
Hartpapiertrennwand hindurchgeführt und auf der Transformatoren-
seite mit von oben zugänglichen Trennstellen versehen, so daß der Transformator, ohne Öl ablassen zu müssen, aus seinem Kasten gehoben

Abb. 133. Dreiwicklungstransformator für 20/20/20 MVA mit Sternpunktsreglern
an den 110-kV- und 23-kV-Wicklungen (AEG).

werden kann. Bei betriebsfertig bahntransportfähigen sogenannten
»Wander«-Transformatoren ist die Unterbringung des Wählers in einem
getrennten Anbau zur Regel geworden, weil sich so das Eisenbahnprofil
gut einhalten läßt, ohne den Sternpunktsisolator mit dem Lastschalter
abnehmen zu müssen. Abb. 136 zeigt einen solchen Wandertransformator für 20 MVA mit $\pm$ 12 Stufen von je 1,1%.

Spartransformatoren, Zusatztransformatorensätze und schließlich
Leistungstransformatoren mit geregelter Dreieckwicklung erhalten drei
getrennte Wähler mit zugehörigen Lastschaltern auf den Durchfüh-

11*

rungen. Die Wähler werden in diesen Fällen auf der Kastenbreitseite eingebaut und durch eine unterhalb des Deckels angeordnete isolierende Kupplungswelle angetrieben. Abb. 137 zeigt einen Spartransformator für eine Durchgangsleistung von 100 MVA bei einer Betriebsspannung von 110 kV. Er hat ± 8 Stufen für je 1,3% und ist in offener

Abb. 137. 50-MVA-Transformator mit Sternpunktsregler auf der 100-kV-Seite (AEG).

Schaltung ausgeführt, um ihn auch für 64 kV in Dreieckschaltung gemeinsam mit dem zugehörigen Leistungstransformator betreiben zu können. An den Lastschaltertöpfen sind je 2 kleinere Durchführungen für den Anschluß der an- und abgehenden Leitungen angebracht. Die von den Lastschaltern zu bewältigende Stufenleistung beträgt je etwa 450 kVA bei einem Durchgangsstrom von etwas mehr als 500 A. Schließ-

Abb. 135. 100-kV-Sternpunktsregler im Kastenanbau (AEG).

Abb. 136. 20-MVA-Wandertransformator mit Sternpunktsregler für die 100-kV-Wicklung (AEG).

Abb. 139. 60-kV-Eingangsregler (BBC).

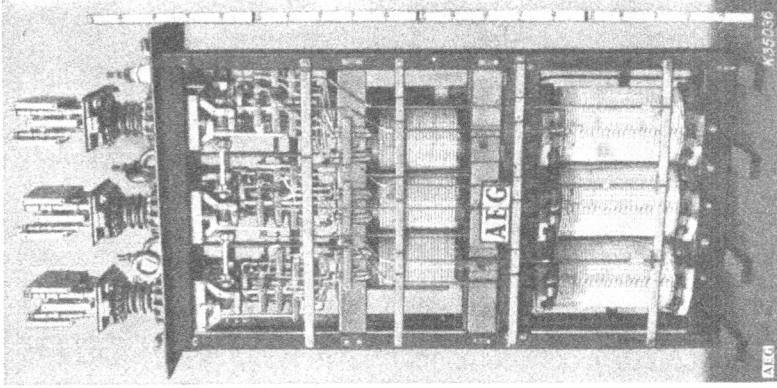

Abb. 138. Zusatztransformatorensatz für 25 MVA Durchgang (AEG).

Abb. 137. Spartransformator für 100 MVA Durchgang und 110 kV + 8 × 1,3% (AEG).

lich bringt Abb. 138 ein Beispiel für indirekte Regelung mittels eines Zusatztransformators (unten) und eines Erregertransformators in Sparschaltung (oben). Beide sind mit den Wählern in einen gemeinsamen
Ölkasten eingebaut. Die Durchgangsleistung beträgt 25 MVA bei einer
Netzspannung von 10 kV. Die Regelung erfolgt in ± 6 Stufen.

β) Bauart BBC.

Für die Regelung am Wicklungseingang, die bei Spartransformatoren und Leistungstransformatoren mit geregelter Dreieckwicklung in
Frage kommt, bisweilen aber auch bei Transformatoren in Sternschaltung
gewählt wird, ist eine Schalter-
konstruktion nach Abb. 139 im
Gebrauch, die aus dem am unteren Ende der Durchführung befestigten Wähler *4* und dem am
Kopf des Isolators *2* angeordneten Lastschalter *1* besteht.
Die Lastschalterkontakte befinden sich unter einer Abdeck-
haube bis zu 250 A und 30 kV
in Luft, darüber in einem an der
Tragplatte hängenden kleinen
Ölgefäß. Der Antrieb des Regelschalters erfolgt über einen seitlichen Isolator *3* vom Kopf des
Isolators aus, so daß eine Ab-
dichtung der Antriebswelle er-
spart wird. Um zu verhindern,
daß der Schalter auf einer Zwischenstellung stehen bleibt und
der nur für kurzzeitige Belastung bemessene Überschaltwiderstand gefährdet wird, beispielsweise beim Ausbleiben der
Spannung am Antriebsmotor,
kann entweder ein Zeitwerk vorgesehen werden, daß nach Über-

Abb. 140. Spartransformator für 30 MVA
Durchgang und 25 kV ± 12,5 % (BBC).

schreiten der normalen Überschaltzeit einen Warn- oder Abschaltkon-
takt schließt oder ein Antrieb mit einer Kraftspeicherfeder verwendet
werden.

Die Wähler der Eingangsregler können unmittelbar in den Ölkasten des Transformators eingebaut werden, wie dies der Sparregeltransformator nach Abb. 140 für 30 MVA Durchgangsleistung bei 25 kV
Betriebsspannung und der 20-MVA-Leistungstransformator nach Abb. 141

Abb. 141. 20-MVA-Transformator für 112/55 kV ± 15 %
mit eingebauten Eingangsreglern (BBC).

für 112/55 kV ± 15% zeigen. Sie werden jedoch auch in besondere zylindrische Ölgefäße eingesenkt, die mit dem Transformatorkasten verflanscht sind. Beispiele hierfür bieten der 3800 kVA-Regeltransformator gemäß Abb. 142 für 66/53,65 kV ± 6 × 894 V und der Sparregeltransformator nach Abb. 143 für eine Durchgangsleistung von 35 MVA und 145/145 ± 8 × 2,84 kV.

Die Sternpunktsregelung wird mit einem nach dem Jansen-Prinzip gebauten Regelschalter bewirkt, wie ihn Abb. 144 zeigt. Lastschalter *1* und Wähler *3* sind dreipolig ausgebildet und mit der Durchführung *2* in üblicher Weise verbunden. Der Lastschalter ist selbst mit einem Federkraftspeicher ausgerüstet, weshalb der zugehörige Antrieb einen solchen nicht benötigt.

Die Anwendung des Sternpunktsreglers gleicht der des Eingangsreglers. Sein Wähler wird entweder, wie Abb. 145 zeigt, in den Ölkasten eingebaut, oder, wie aus den Abb. 146 und 147 hervorgeht, in angeflanschten Ölbehältern untergebracht.

γ) Bauart K. & St.

Im Gegensatz zu der bei der Widerstandsschnellschaltung allgemein angewendeten Vereinigung der Regeleinrichtung mit der Durchführung steht die von K. & St. entwickelte Bauweise. Unter Verwendung des Schaltprinzips von Dr. Jansen ist eine grundsätzliche Trennung zwischen Transformator und Regelschaltwerk in der Weise durchgeführt, daß letzteres in einem auf dem Deckel des Transformatorkastens angeordneten Ölbehälter untergebracht ist und mit den Anzapfungen der Wicklungen über Mehrfachdurchführungen verbunden ist, die durch den Transformatordeckel unmittelbar in den Schalterkasten führen. Die Regeleinrichtung (Abb. 148 und 149) besteht aus 3 nebeneinander liegenden Wendewählern mit den zugehörigen Lastschaltern und wird in dieser

Abb. 142. 3800-kVA-Transformator mit eingebauten
60-kV-Eingangsreglern (BBC).

Form auch für Sternpunktsregelung verwendet. Die Ölfüllung des Schalterkastens
ist sämtlichen Regelorganen
gemeinsam. Mechanisch sind
die 3 Reglerpole durch eine
horizontale Isolierwelle miteinander verbunden, die vom
Motor- oder Handantrieb über
Kegelräder gesteuert wird.

Die restlose Trennung
zwischen Transformator- und
Schaltergehäuse, die eine bequeme Überwachung sämtlicher Regelschalterteile ermöglicht und gegebenenfalls
den Übergang zum Betrieb
ohne Regelschalter erleich

Abb. 143. Spartransformator für 35 MVA Durchgang und
145 kV mit 8 Stufen (BBC).

Abb. 144. Sternpunktsregler
für 30 kV (BBC).

tert, ist dank der Anordnung der Regeleinrichtung auf dem Deckel
mit einem verhältnismäßig geringen Aufwand erzielt worden. Allerdings dürfte die Anwendungsmöglichkeit auf Betriebsspannungen bis
zu 60 kV beschränkt bleiben.

Abb. 145. 1250-kVA-Transformator für 25 6 kV mit eingebautem Sternpunktsregler (BBC).

Abb. 146. Vierwicklungstransformator für 10/8,2/5,5/3,6 MVA, 105/22/11/6,6 kV
mit angebauten Sternpunktsreglern für die 22- und 11-kV-Seite (BBC).

Abb. 150 zeigt die Vereinigung des Regelschaltwerkes mit einem Leistungstransformator für 8000 kVA und eine Oberspannung von 50 kV. Die Transformatorklemmen sind ober- und unterspannungsseitig als Kabelendverschlüsse ausgebildet und sitzen vor dem Schalterkasten auf

Abb. 147. 15-MVA-Transformator mit angebautem 110-kV-Sternpunkts-schalter (BBC).

Abb. 148. Regelschaltwerk. Wählerseite mit Wender und Mehrfachdurchführungen (K & St).

Abb. 149. Regelschaltwerk, Lastschalterseite mit Antrieb (K & St).

Abb. 150. 8 MVA-Transformator für 50 kV mit aufgebautem Regelschaltwerk (K & St) und Kabelendverschlüssen.

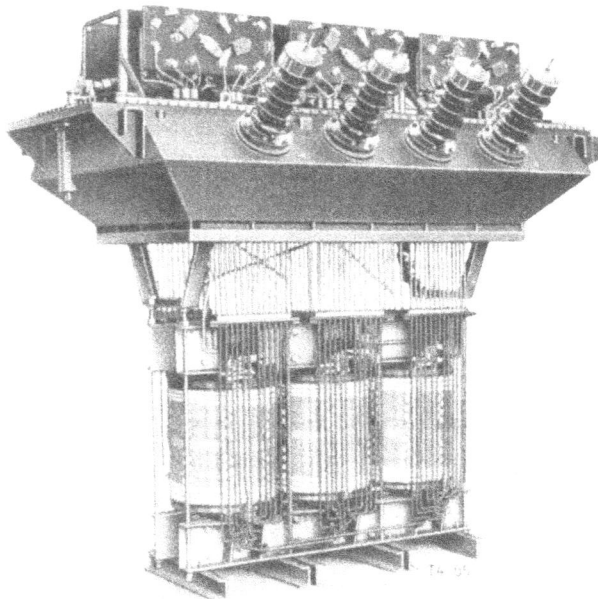

Abb. 151. Doppelquertransformatoren (K & St).

dem haubenförmigen Transformatordeckel. Ein weiteres Ausführungsbeispiel bietet der Spartransformator nach Abb. 151, der unter Anwendung zyklischer Phasenvertauschung als Doppelquertransformator geschaltet ist. Er besitzt insgesamt 6 Regelschalter, die im gemeinsamen Schalterkasten in zwei Gruppen zu je dreien angeordnet sind. Durch entsprechende Ausbildung des Transformatordeckels ist es gelungen, die 6 Durchführungen für die Netzanschlüsse zuzüglich eines Sternpunktsisolators zu beiden Seiten des Schalterkastens unterzubringen.

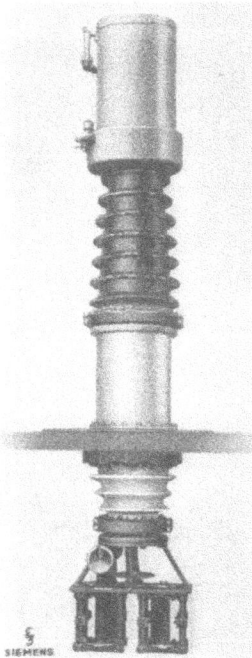

Abb. 152.
Eingangsregler für 60 kV
(SSW).

Abb. 153.
Dreiwicklungstransformator für 12/8/8 MVA, 60—45/44/22 kV
mit 6 Eingangsreglern an der 60-kV-Wicklung (SSW).

δ) Bauart SSW.

Erst bei Spannungen über 50 kV wenden die SSW. die Widerstands-Schnellschaltung nach dem Jansen-Prinzip an. Für geringere Spannungen wird, wie auf S. 135 ausgeführt, der Laufschalter mit Drosselspulenüberbrückung benutzt. Die Ausbildung des Jansen-Großreglers ist die übliche:

Beim einpoligen Regler nach Abb. 152 ebenso wie beim Sternpunktsregler trägt die Durchführung am Kopf den Lastschalter in einem gegen den Isolator abgedichteten Ölgefäß. Der Wähler ist am unteren Ende der Durchführung angeordnet und ist mit dem Lastschalter durch eine zentrisch in der Durchführung gelagerten Welle verbunden. Bei großen Transformatoren wird der untere Teil des Reglers — der Stufen-

Abb. 155. Spartransformator für 2500 KVA Durchgang und 6,4 kV ± 10 × 0,86 % (SW).

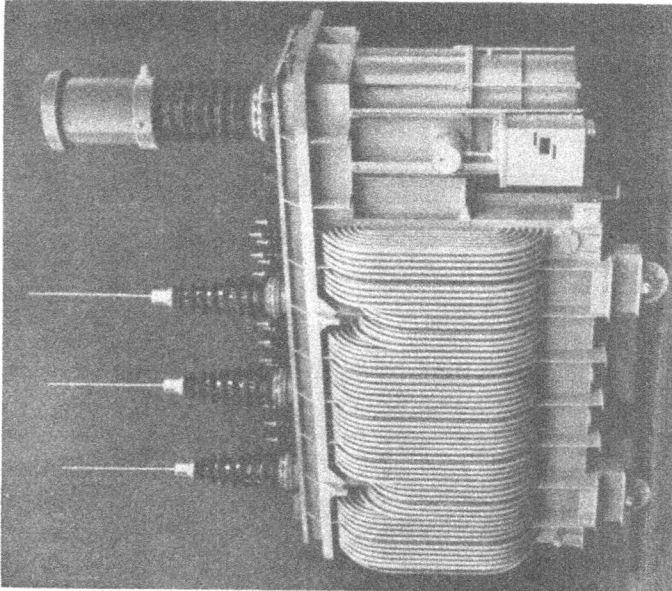

Abb. 154. 15-MVA-Transformator mit Sternpunktsregelung auf der 100-kV-Seite in ± 10 Stufen (SSW).

wähler — grundsätzlich in einen am Transformatorkasten angebrachten und von diesem abgeschlossenen Anbaubehälter untergebracht.

Die Anwendung des einpoligen Reglers zeigt Abb. 153, die einen Dreiwicklungstransformator für 12/8/8 MVA und 52,5/44/22 kV dar-

Abb. 156. Dreiwicklungstransformator für 15/12/4 MVA, 110/66/15,8 kV mit Regelung im 66-kV-Sternpunkt und in der 15-kV-Wicklung (SW).

stellt. Die Oberspannungswicklung ist am Wicklungseingang im Bereich von 60 bis 45 kV angezapft und mit 2 Reglersätzen ausgerüstet, die zur Kupplung zweier Netzteile bei einer Durchgangsleistung von 20 MVA. Die Oberspannungswicklung arbeitet also gleichzeitig in Sparschaltung.

Ein 15-MVA-Leistungstransformator für 104/23,4 kV mit Sternpunktsregelung auf der Oberspannungsseite in $\pm$ 10 Stufen zu je 1,65% ist in Abb. 154 wiedergegeben. Bemerkenswert ist der absenkbare Ölkessel, der den Wähleranbau nach unten abschließt.

ε) *Bauart SW.*

Die vom SW. angewendete Widerstandsschnellschaltung beruht sowohl auf eigenen, vor mehr als 10 Jahren erteilten Patenten als auch auf den bekannten Jansen-Patenten. Die Regelschaltwerke sind genormt

Abb. 157. 12-MVA-Transformator für 103/15 kV mit 15-kV-Sternpunktsregler im Kastenanbau (SW).

für 350, 600 und 1000 A und werden als Eingangs- und als Sternpunktsregler mit $\pm$ 6 oder $\pm$ 10 Stufen gebaut.

Einen aus dem Kasten gehobenen Spartransformator für 2500 kVA
Durchgangsleistung und 6,4 kV mit drei gekuppelten Eingangsreglern

Abb. 158. 15-MVA-Wandertransformator für 100/25 kV mit Regelung im 100-kV-Stern-
punkt (SW).

zeigt Abb. 155. Die Lastschalter mit den Überbrückungswiderständen
sind am Kopfe der Durchführungen angeordnet und in Ölbehälter eingeschlossen, die im Bilde abgenommen sind. Die mechanische und elektrische Verbindung mit den Wählern liegt im Innern der Porzellandurch-
führungen. Die Wähler sind an den in den Transformatorkasten hinein-
ragenden unteren Enden der Durchführungen befestigt und durch Isolier-
wellenstücke miteinander gekuppelt.

Der Sternpunktsregler ist entsprechend ausgebildet. Sein Wähler
wird entweder unmittelbar in den Transformatorkasten eingesenkt
(Abb. 156) oder in einem Anbaubehälter (Abb. 157) untergebracht,
der gegen den Transformatorkasten durch eine Wand aus Isolierstoff
tropfdicht abgetrennt ist. Bei dem in Abb. 158 dargestellten 15-MVA-
Wandertransformator für 104 $\pm$ 20%/25 kV mit Regelung im Ober-
spannungssternpunkt ist die gleiche Trennung zwischen Transformatorkasten und Wähleranbau durchgeführt.

ζ) Bauart V. & H.

V. & H. verwendet auch für große Regelschaltwerke bis zu 800 A
die auf S. 159 beschriebenen Lastwähler, verzichtet also auf die sonst
übliche Trennung zwischen Lastschalter und Wähler. Da diese Lastwähler nur in einpoliger Ausführung geliefert werden, sind also auch
bei Leistungstransformatoren grundsätzlich 3 Regler erforderlich, die

man zweckmäßigerweise am Wicklungseingang regeln läßt, um besondere Eingangsdurchführungen zu ersparen. Abb. 159 zeigt die Anwendung der Eingangs-Lastwähler bei einem größeren Leistungstransformator.

Abb. 159. Leistungstransformator mit Eingangs-Lastwähler (V & H).

Schrifttum.

1. Bücher.

Hochspannungsforschung und Hochspannungspraxis. Herausgegeben von J. Biermanns und O. Mayr. Berlin 1931.

Kehse, W.: Die Hochspannungstechnik der Transformatoren, Isolatoren und Durchführungen. Stuttgart 1937.

La Cour, J. L., und Faye-Hansen, K.: Die Transformatoren. 3. Aufl. Berlin 1936.

Richter, R.: Elektrische Maschinen. 3. Bd. Die Transformatoren. Berlin 1932.

2. Zeitschriften-Aufsätze.

Albrecht, H. C.: Transformer Tap Changing under Load. AIEE Journal Bd. 44 (1925), S. 1331.

Bates, M. H.: Changing Transformers Ratio. AIEE Journal Bd. 44 (1925), S. 1238.

Beschnitt, A.: Spannungsregulierung. Bergmann-Mitt. Sept. 1927.

Biermanns, J.: Kurzschlußkräfte an Transformatoren. Schweiz. Bull. 1923, Nr. 4/5.

—: Die Aufgaben des heutigen Transformatorenbaues. ETZ 54 (1933), S. 717, 767.

—: Fortschritte im Transformatorenbau. ETZ 58 (1937), S. 622, 687.

Blume, L. F.: Voltage Control on Transformers. AIEE Journal Bd. 44 (1925), S. 752.

—: Load Ratio Control. GE Review 31 (1928), S. 119.

Blume, L. F., und Woods, F. L.: Control of Voltage and Power Factor. AIEE Journal 52 (1933), S. 884.

Boll, G.: Der Quertransformator zur Leistungsregelung in Ringnetzen. BBC-Nachrichten 17 (1930), S. 304.

Bollmann, W.: Entwicklung und Stand des BBC-Stufenschalterbaues für Regeltransformatoren. BBC-Nachrichten 23 (1936), S. 62.

Bölte, K.: Regeleinrichtungen für Anzapftransformatoren. ETZ 53 (1932), S. 525.

—: Spannungsregelung unter Last mit Stufentransformatoren großer Leistung. AEG-Mitteilungen 1934, S. 48.

—: Spannungsregelung unter Last für Transformatoren kleinerer Leistung. AEG-Mitteilungen 1934, S. 83.

—: Selbsttätiger relaisloser Niederspannungsregler. AEG-Mitteilungen 1937, S. 74.

—: AEG Relo-Antrieb auch bei großen Regeltransformatoren. AEG-Mitteilungen 1938, S. 94.

Darling and Palme: Variable Ratio Voltage Control for Industrial Plant Transformers. Power 74 (1931), S. 894.

Diggle, H.: Transformers and Tap Starting Gear. Metropolitan Vickers Gazette 14 (1934), S. 300.

—: Type LS on Load Transformer Voltage Regulating Equipm. MV Gazette 15 (1935), S. 104.

—: On Load Tap Changing Gear for large Transformers. MV Gazette 15 (1935), S. 124.

—: On Load Tap Changing gear for small Transformers. MV Gazette 15 (1935), S. 161.

Farley, W. R.: Control and Relay Equipment for Motor operated Transformer Tap Changer. Electricical Journal 24 (1927), S. 438.

Gill, H.: Automatic Low Tension Voltage Regulators. Asea Journal 1935, Nr. 6, S. 66.

Goodmann, J.: Load Ratio Control. GEC Journal Nov. 1931, S. 122.

Greiner, R.: Über einen magnetischen Netzspannungsregler. ETZ 57 (1936), S. 489.

Groß, E.: Über Ringnetze und Beeinflussung ihrer Stromverteilung. E & M 49 (1931), S. 513.

Haag, L., und Schwenk, O.: Regelschalter für Anzapftransformatoren. ETZ 54 (1933), S. 199.

Hayn, E.: Fortschritte im Bau von Regeltransformatoren. Sachsenwerk-Mitteilungen 1932, S. 30.

Hayn, E., und Müller, A. L.: Regeltransformatoren. Sachsenwerk-Mitteilungen 1931, S. 67.

Hill, L. H.: Transformer Ratio Control. Electricical Journal 23 (1926), S. 261.

—: Transformer Tap Changers, AIEE Journal 46 (1927), S. 1214. Diskussion S. 1269.

Jansen, B.: Über die Wirtschaftlichkeit der Spannungsregelung in Drehstromnetzen. ETZ 47 (1926), S. 1225.

—: Gleichspannungsbetrieb von Drehstromnetzen. ETZ 48 (1927), S. 140.

—: Kupplung und Unterteilung großer Netze mit Hilfe von Regeltransformatoren. ETZ 50 (1929), S. 521.

—: Spannungsregelung mit Stufentransformatoren in den Netzen der Überlandwerke. Elektrizitätswirtschaft 29 (1930), S. 162.

—: CIGRE-Berichte 1932, Nr. 27, S. 6.

—: Das Zusammenwirken von Energiefluß-Steuerung, Spannungsregelung und Netzschutz in vermaschten Mittelspannungs-Freileitungsnetzen. Elektrizitätswirtschaft 36 (1937), S. 443.

—: Spannungs- und Leistungsregelung in vermaschten Mittelspannungsnetzen. Elektrizitätswirtschaft 36 (1937), S. 828.

—: 10 Jahre Regeltransformatoren mit Jansenschaltern. ETZ 58 (1937), S. 874.

Krämer, W.: Ein neuer selbsttätiger Antrieb für Regeltransformatoren. VDE-Fachberichte 1936, S. 128.

—: Ein neuer selbsttätiger Antrieb mit Sattelkennlinie für Stufenschaltung. ETZ 59 (1938), S. 215.

Küchler, R.: Transformatoren für Spannungsregelung unter Last. ETZ 55 (1934), S. 1054 u. 1075.

—: Die Kurzschlußfestigkeit von Spartransformatoren und Zusatztransformatorensätzen. ETZ 47 (1926), S. 440.

Lind: Luftregulierschalter bis 30 kV. AEG-Zeitung 1929, Heft 10.

Maret, A.: Regulier-Quertransformatoren. BBC-Mitteilungen 1936, S. 166.

Megede, W. zur: Niederspannungsregelung mittels des Niederspannungs-Netzreglers. Siemens-Zeitschrift 1933, S. 112.

Midworth, C., und Tagg, G. F.: Some Electrical Methods of remote Indication. Journal IEE 73 (1933), S. 33.

Norris, E. T.: Power Transformers. Electrician 108 (1932), S. 126.

—: Transformer Voltage Regulator. The Power Engineer 108 (1932), S. 264.

—: On Load Tap Changing. The Electrician 110 (1933), S. 790.

Oburger, W.: Die Regelung der Stromverteilung in Ringnetzen mittels des Quertransformators. E & M 52 (1934), S. 297.

Palme, A.: Application of Load Ratio Control. AIEE Journal 46 (1927), S. 1202.

—: Tap Changing Equipment. Power 68 (1928), S. 519.

—: Unter Vollast umschaltbare Transformatoren. E & M 47 (1929), S. 65.

—: Großtransformatoren mit Vollastumschaltung. Schweizer Bulletin 1931, S. 320.

Reiche, W.: Derzeitiger Stand der Entwicklung von Regeltransformatoren für Drehstromnetze. Elektrizitätswirtschaft 36 (1937), S. 439.

—: Untersuchungen an einem schnellschaltenden Lastschalter. ETZ 59 (1938), S. 7.

Schäfer, W.: Beitrag zur Frage der Wirk- und Blindleistungsregelung in Ringnetzen. VDE-Fachberichte 1935, S. 19.

Schmidt, W.: Der Quertransformator als Spannungsregler in Leitungsringen. Siemens-Zeitschrift 1932, S. 132.

Schöpf, G.: Lastumsteller für Netztransformatoren. Siemens-Zeitschrift (1934), S. 63.

Schulze, E.: Verfahren zum Einstellen von Regeltransformatoren in mehrfach gekuppelten Netzen. Elektrizitätswirtschaft 36 (1937), S. 446 (VDE-Fachberichte 1935, S. 20).

Schwaiger, M.: Das Regeln von Transformatoren mit Langsam- und Schnellschaltung. VDE-Fachberichte 1935, S. 15.

—: Steuerung von Regeltransformatoren im Netzbetrieb. CIGRE-Berichte Nr. 95 (1935), S. 15.

—: Großtransformatoren mit Stufenregeleinrichtung. ETZ 59 (1938), S. 281.

Sessinghaus, N.: Spannungsregulierung. ETZ 47 (1926), S. 809.

SSW: Spannungsregelung unter Last mittels Transformatoren mit Anzapfungen. Siemens-Jahrbuch 1929, S. 228.

Stenkvist, E.: Voltage Regulating Arrangements for Transformers. Asea Journal 8 (1931), S. 34

Thiessen, W.: Spannungsregelung mit Leistungsumspannern. ETZ 57 (1936), S. 113.

Wernicke, W.: Die Entwicklung im Bau von Umspannern. VDI-Zeitschrift 80 (1936), S. 1055.

West, II. B.: Tap Changing under Load. AIEE Journal 49 (1930), S. 42.

Wilshaus, W.: Der Relo-Netzregler. Elektrizitätswirtschaft 36 (1937), S. 447.

Zusammenstellung der Abkürzungen der hauptsächlich vorkommenden Firmen.

AEG	Allgemeine Elektricitäts-Gesellschaft, Berlin.
BTH	The British Thomson Houston Co. Ltd., Rugby (England).
BBC	Brown, Boveri u. Co., A.-G.
GE	General Electric Co. Schenectedy, N. J. (USA.).
K. & St.	Koch und Sterzel A.-G. Dresden.
MV	Metropolitan-Vickers Electrical Co. Ltd., Manchester (England).
SSW	Siemens-Schuckertwerke A.-G.
SW	Sachsenwerk Licht- und Kraft-A.-G., Niedersedlitz.
V. & II.	Voigt und Haeffner A.-G., Frankfurt/Main.
Westinghouse Co.	Westinghouse Electric and Manufacturing Co., Sharon (USA.).

Sachverzeichnis.

Taschenbuch für Fernmeldetechniker Von Oberingenieur H. Goetsch

6. erweiterte und verbesserte Auflage. 755 Seiten, 1126 Abbildungen. Kl.-8⁰.
1937. In Leinen RM. 16.-

Meßbrücken und Kompensatoren Von Dr. Josef Krönert

Band I: Theoretische Grundlagen. 282 Seiten, 350 Abbildungen. Gr.-8⁰.
1935. In Leinen RM. 13.80

Trockengleichrichter Von Karl Maier

313 Seiten, 312 Abbildungen. Gr.-8⁰. 1938. In Leinen RM. 18.-

Die Technik selbsttätiger Steuerungen und Anlagen
Von Dipl.-Ing. G. Meiners

Neuzeitliche schaltungstechnische Mittel und Verfahren, ihre Anwendung
auf den Gebieten der Verriegelungen und der selbsttätigen Steuerungen.
225 Seiten, 144 Abbildungen. Gr.-8⁰. 1936. In Leinen RM. 12.-

Der Schutzbereich von Blitzableitern Von Prof. Dr.-Ing. A. Schwaiger

Neue Regeln für den Bau von Blitz-Fangvorrichtungen. 115 Seiten, 27 Abbildungen, 3 Kurventafeln. 8⁰. 1938. RM. 5.-

Die Technik der Fernwirk-Anlagen Von Dr.-Ing. W. Stäblein

Fernüberwachungs- und Fernbetätigungseinrichtungen für den elektrischen
Kraftwerks- und Bahnbetrieb, für Gas-, Wasser- und andere Versorgungs-
betriebe. 302 Seiten, 172 Abbildungen. Gr.-8⁰. 1934. In Leinen RM. 15.-

Kurzschlußströme in Drehstromnetzen Von Dr.-Ing. M. Walter
Berechnung und Begrenzung

2. Auflage. 167 Seiten, 124 Abbildungen. Gr.-8⁰. 1938. In Leinen RM. 8.80

Der Selektivschutz nach dem Widerstandsprinzip
Von Dr.-Ing. M. Walter

172 Seiten, 144 Abbildungen. Gr.-8⁰. 1933. RM. 8.50

Strom- und Spannungswandler Von Dr.-Ing. M. Walter

159 Seiten, 163 Abbildungen. Gr.-8⁰. 1937. In Leinen RM. 8.80

Der Erdschluß in Hochspannungsnetzen Von Ingenieur Hans Weber

Leiter des elektrotechnischen Laboratoriums der Berliner Kraft- und Licht-
(Bewag) A. G. 107 Seiten, 86 Abbildungen. Gr.-8⁰. 1936. RM. 5.80

R·OLDENBOURG · MÜNCHEN 1 UND BERLIN

ATM - Archiv für Technisches Messen
Ein Sammelwerk für die gesamte Meßtechnik   Herausgegeben von Dr.-Ing. Georg Keinath

Die Aufsätze erscheinen auf in sich abgeschlossenen, vierfach gelochten Einzel- bzw. Doppelblättern. Sie sind Kurzaufsätze und für den vielbeschäftigten Fachmann bestimmt, der nicht die Zeit hat, lange Abhandlungen zu lesen, sondern ein knapp gefaßtes Hilfsmittel braucht, das ihm in großer Reichhaltigkeit das Wesentliche bringt. Die Lieferungen werden regelmäßig (monatlich) ausgegeben und umfassen durchschnittlich 30 Seiten im Format DIN-A 4 (210:297 mm). Bei ständigem Bezug kostet jede Lieferung RM. 1.50. Der Bezug kann jederzeit beginnen.

Rechnung mit Operatoren
nach Oliver Heaviside. Von E. J. Berg

Ihre Anwendung in Technik und Physik. Deutsche Bearbeitung von Dr.-Ing. Otto Gramisch und Dipl.-Ing. Hans Tropper. 198 Seiten, 65 Abbildungen. Gr.-8°. 1932. Broschiert RM. 10.-, in Leinen RM. 12.-

Stromrichter
Von D. K. Marti und H. Winograd

Unter besonderer Berücksichtigung der Quecksilberdampf-Großgleichrichter. Bearbeitet von Dr.-Ing. Otto Gramisch. 405 Seiten, 279 Abbildungen. Gr.-8°. 1933. In Leinen RM. 22.-

Der Wert der Wärmeersparnis
Von Dr.-Ing. Franz zur Nedden

Erläutert an der elektrowirtschaftlichen Gesamtstatistik Deutschlands und der Vereinigten Staaten von Amerika 1912-1934. Ein betriebswirtschaftlicher Beitrag zur Kostendynamik. 163 Seiten, 22 Schaubilder, 15 Zahlentafeln. Gr.-8°. 1936. RM. 8.-

Die Ortskurventheorie der Wechselstromtechnik
Von Prof. Dr.-Ing. Günther Oberdorfer

88 Seiten, 52 Abbildungen. Gr.-8°. 1934. RM. 4.50

Quecksilberdampf-Gleichrichter
Von D. C. Prince und F. B. Vogdes

Wirkungsweise, Konstruktion und Schaltung. Deutsche Ausgabe bearbeitet von Dr.-Ing. O. Gramisch. 199 Seiten, 172 Abbildungen. Gr.-8°. 1931. Broschiert RM. 11.70, in Leinen RM. 13.50

Elektromagnetische Grundbegriffe
Von Professor W. O. Schumann

Ihre Entwicklung u. ihre einfachsten technisch. Anwendungen. 220 Seiten 197 Abbildungen. Gr.-8°. 1931. RM. 11.-

Hochspannungsleitungen
Von Professor Dr.-Ing. A. Schwaiger

Grundlagen und Methoden zur praktischen Berechnung. 148 Seiten, 75 Abbildungen, 4 Zahlentafeln. 8°. 1931. RM. 6.30

Zeitschrift für Fernmeldetechnik, Werk- und Gerätebau
Leitung: Dipl.-Ing. Immo Kleemann

19. Jahrgang 1938. Monatlich erscheint ein Heft in der Größe DIN-A 4

R·OLDENBOURG · MÜNCHEN 1 UND BERLIN

www.ingramcontent.com/pod-product-compliance
Lightning Source LLC
Chambersburg PA
CBHW081558190326
41458CB00015B/5645